国家林业和草原局普通高等教育"十四五"规划教材

智慧农业概论

胡晓辉　主编

中国林业出版社
China Forestry Publishing House

内 容 简 介

本教材主要介绍智慧农业基础理论知识，智慧农业系统平台及关键技术，智慧种植系统、智慧养殖系统的内涵及系统架构、装备与功能，土壤墒情监测及水肥（药）智能灌溉系统，智能病虫害防治系统架构与装备，农业企业管理系统功能、架构及系统设计，农产品质量安全追溯系统、农产品展销电商平台系统及食品安全政府监管系统的架构与关键技术，以及相应智慧农业系统的典型应用案例。本教材充分体现"基础"和"新"的原则，力求反映现代科学技术的新成就，又能与我国农业的发展相适应，将深度与广度有机结合，适用于高等院校设施农业科学与工程、园艺、动物科学、智慧农业等相关专业教学，也可供智慧农业领域的科技工作者以及对智慧农业感兴趣的读者参考使用。

图书在版编目（CIP）数据

智慧农业概论 / 胡晓辉主编. —北京：中国林业出版社，2023.7（2024.7 重印）
国家林业和草原局普通高等教育"十四五"规划教材
ISBN 978-7-5219-2168-7

Ⅰ.①智… Ⅱ.①胡… Ⅲ.①智能技术-应用-农业技术-高等学校-教材 Ⅳ.①S126

中国国家版本馆 CIP 数据核字（2023）第 054699 号

策划编辑：田　娟　康红梅
责任编辑：田　娟
责任校对：苏　梅
封面设计：时代澄宇

出版发行：中国林业出版社
　　　　　（100009，北京市西城区刘海胡同 7 号，电话 83223120）
电子邮箱：cfphzbs@163.com
网　　址：www.forestry.gov.cn/lycb.html
印　　刷：北京中科印刷有限公司
版　　次：2023 年 7 月第 1 版
印　　次：2024 年 7 月第 2 次印刷
开　　本：850mm×1168mm　1/16
印　　张：12.25
字　　数：279 千字
定　　价：56.00 元

数字资源

《智慧农业概论》编写人员

主　　编　胡晓辉
副 主 编　张　智　吴华瑞　陈帝伊
编写人员　（按姓氏拼音排序）
　　　　　　曹晏飞（西北农林科技大学）
　　　　　　陈　诚（北京市农林科学院信息技术研究中心）
　　　　　　陈帝伊（西北农林科技大学）
　　　　　　胡晓辉（西北农林科技大学）
　　　　　　黄铝文（西北农林科技大学）
　　　　　　景　旭（西北农林科技大学）
　　　　　　李　桦（西北农林科技大学）
　　　　　　缪祎晟（北京市农林科学院信息技术研究中心）
　　　　　　屈　锋（西南大学）
　　　　　　申宝营（福建农林大学）
　　　　　　滕光辉（中国农业大学）
　　　　　　吴华瑞（北京市农林科学院信息技术研究中心）
　　　　　　张　毅（山西农业大学）
　　　　　　张　智（西北农林科技大学）
　　　　　　赵淑梅（中国农业大学）
　　　　　　朱华吉（北京市农林科学院信息技术研究中心）

前　言

  农业是人类生存之本、发展之基，中国作为农业大国和农业古国，农业的根本出路靠科技。随着现代科技的快速发展，物联网、大数据与云计算和"3S"技术（遥感、地理信息系统、全球定位系统）等现代信息技术不断应用于农业中，通过移动平台或者计算机控制农业生产，具备"大脑"的智慧农业应运而生。智慧农业是以信息和知识为核心要素，将现代科学技术与农业深度融合，实现农业信息感知、定量决策、智能控制、精准投入、个性化服务的全新农业生产方式，是农业信息化发展历程中从数字化到网络化再到智能化的高级阶段。智慧农业是未来农业发展的必然趋势，也是推动农业"三化"发展，实现农业精细化，保障资源节约、产品安全的必要途径。

  在"新农科"建设背景下，依据现代农业产业发展需要和人才培养需求，急需加强对学生综合运用生命科学、信息技术和智能装备等方面知识和能力的培养。全国各涉农院校在推进农学、植物保护、植物科学与技术、园艺、水产、动物科学等传统农科专业建设基础上，在人才培养方案中均注重强化生命科学与现代信息技术相融合的理论知识体系，新增传感器技术、机器人技术、农业物联网、数字化与智能化农业等现代农业前沿课程内容，智慧农业概论即为此背景下的新增课程。本教材是针对农学知识背景的学生编写的一本"国家林业和草原局普通高等教育'十四五'规划教材"，通过组织国内智慧农业相关领域教学、科研和生产一线的中青年骨干专家、学者精心策划和编写，依据设施农业科学与工程、园艺、动物科学、智慧农业等专业的教学特点和人才培养目标，系统地阐述了智慧农业的基本概念、特征和核心技术，重点从智慧农业生产系统对现代信息技术的需求角度出发，将信息感知、智能决策控制与农业生产模型相结合，应用于智慧农业生产系统中。本教材既努力反映现代科学技术的新成就，将前沿技术方法和科研成果引入教材中，强化理论内容的深度，又兼顾教材内容与我国农业发展的适应性和融合度，拓展实践运用的广度，实现教学内容深度与广度有机结合，适用于无智能化信息技术背景的读者及专业教学。在编写过程中特别注重内容的实用性，使读者在全面掌握智慧农业的基本理论、关键技术、核心技能的同时，给读者提供足够的思维空间，培养读者的创新意识，使其在学习后能够理论联系实际，解决智慧农业生产系统设计方面的一些实际问题。

  本教材由胡晓辉担任主编，张智、吴华瑞、陈帝伊担任副主编。在编写团队集中研讨和统一策划的基础上，根据参编人员的学术、技术专长分配编写任务。本教材共分为8章,具体编写分工如下:第1章由胡晓辉、张智和陈帝伊编写;第2章由吴华瑞、缪祎晟、朱华吉和陈诚编写;第3章由张毅和屈锋编写;第4章由滕光辉、赵淑梅和曹晏飞编写;第5章由张智编写;第6章由申宝营和屈锋编写;第7章由李桦、张智和胡晓辉编写;第8章由黄铝文和景旭编写;全书由胡晓辉统稿;数字资源由胡晓辉、张智、陈帝伊和曹晏飞制作。

本教材在编写过程中得到国家大宗蔬菜产业技术体系、国家林业和草原局、西北农林科技大学有关专家和领导的指导与支持,并提供了相关书籍和资料,在此一并表示感谢。

智慧农业作为一门多学科交叉的学科体系,我们在编写过程中始终以"基础"和"创新"为原则,努力实现理论深度与实践广度的有机融合。由于编者水平所限,缺点错误恐难避免,恳请各位读者批评指正。

编 者

2023 年 2 月

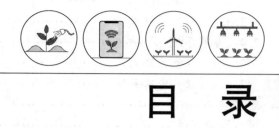

目 录

前 言

第1章 绪论 (1)
  1.1 智慧农业概念与特征 (1)
    1.1.1 智慧农业概念 (1)
    1.1.2 智慧农业概念的由来 (1)
    1.1.3 智慧农业特征 (3)
  1.2 智慧农业系统及关键技术 (4)
    1.2.1 智慧农业系统 (4)
    1.2.2 智慧农业关键技术 (4)
  1.3 智慧农业发展现状及在我国的发展趋势 (7)
    1.3.1 智慧农业发展现状 (7)
    1.3.2 智慧农业在我国的发展趋势 (11)
  思考题 (15)
  推荐阅读书目 (16)

第2章 智慧农业系统平台及关键技术 (17)
  2.1 智慧农业系统平台及构建体系 (17)
    2.1.1 智慧农业全产业链主要环节 (17)
    2.1.2 智慧农业系统平台构建 (21)
  2.2 农业信息技术 (26)
    2.2.1 传感技术 (27)
    2.2.2 计算机技术 (30)
    2.2.3 通信技术 (33)
    2.2.4 自动控制技术 (36)
  2.3 物联网技术及其应用 (38)

2.3.1 感知层技术 …… (38)
2.3.2 传输层技术 …… (40)
2.3.3 应用层技术 …… (44)
2.4 专家系统 …… (45)
2.4.1 专家系统的产生 …… (45)
2.4.2 农业专家系统 …… (46)
思考题 …… (50)
推荐阅读书目 …… (50)

第3章 智慧种植系统 …… (51)

3.1 智慧种植系统架构 …… (51)
3.1.1 智慧大田种植系统 …… (51)
3.1.2 智慧设施种植系统 …… (54)
3.2 智慧种植系统功能实现与属性特征 …… (57)
3.2.1 智慧种植系统功能实现 …… (57)
3.2.2 智慧种植系统共同属性与技术特征 …… (61)
3.3 常用传感器与智能化作业装备 …… (62)
3.3.1 常用传感器 …… (62)
3.3.2 常用智能化作业装备 …… (64)
3.4 智慧种植系统案例 …… (67)
3.4.1 智慧大田种植系统案例 …… (67)
3.4.2 智慧设施种植管理系统案例 …… (71)
思考题 …… (74)
推荐阅读书目 …… (74)

第4章 智慧养殖系统 …… (75)

4.1 智慧畜禽养殖 …… (75)
4.1.1 智慧畜禽养殖内涵 …… (75)
4.1.2 智慧畜禽养殖特征 …… (76)
4.1.3 智慧畜禽养殖物联网技术架构 …… (76)
4.2 智慧畜禽养殖(工艺)模式 …… (78)
4.2.1 智慧蛋鸡养殖模式 …… (78)
4.2.2 智慧生猪养殖模式 …… (80)
4.2.3 智慧奶牛养殖模式 …… (80)
4.3 现代设施养殖智能化 …… (81)
4.3.1 畜禽信息实时感知 …… (82)
4.3.2 畜禽养殖智能环控系统 …… (84)

  4.3.3 畜禽养殖智能管理系统 …………………………………………………… (85)
 4.4 智慧畜禽养殖系统案例 ………………………………………………………… (86)
  4.4.1 蛋鸡养殖系统中智能化技术应用 ………………………………………… (86)
  4.4.2 生猪养殖系统中智能化技术应用 ………………………………………… (89)
  4.4.3 奶牛养殖系统中智能化技术应用 ………………………………………… (93)
 思考题 ……………………………………………………………………………… (97)
 推荐阅读书目 ……………………………………………………………………… (97)

第 5 章　智慧灌溉系统 …………………………………………………………… (98)
 5.1 土壤墒情监测系统 …………………………………………………………… (98)
  5.1.1 土壤墒情监测方法 ………………………………………………………… (99)
  5.1.2 土壤墒情监测系统 ………………………………………………………… (101)
 5.2 水肥一体智能化装备 ………………………………………………………… (107)
  5.2.1 水肥一体化设备 …………………………………………………………… (108)
  5.2.2 水肥控制方法 ……………………………………………………………… (111)
  5.2.3 水肥智能灌溉系统 ………………………………………………………… (115)
 5.3 水肥药一体化智慧灌溉系统 ………………………………………………… (120)
  5.3.1 固定式水肥药一体化系统 ………………………………………………… (121)
  5.3.2 移动式果园水肥药一体化系统 …………………………………………… (122)
 思考题 ……………………………………………………………………………… (124)
 推荐阅读书目 ……………………………………………………………………… (124)

第 6 章　智能病虫害防治系统 …………………………………………………… (125)
 6.1 智能病虫害防治系统架构 …………………………………………………… (125)
  6.1.1 智能病虫害防治含义和功能 ……………………………………………… (125)
  6.1.2 智能病虫害防治系统架构 ………………………………………………… (125)
  6.1.3 智能病虫害防治系统组成 ………………………………………………… (127)
 6.2 病虫害防治关键技术和智能装备 …………………………………………… (129)
  6.2.1 病虫害信息获取技术 ……………………………………………………… (129)
  6.2.2 病虫害智能识别方法 ……………………………………………………… (130)
  6.2.3 病虫害智能识别过程 ……………………………………………………… (132)
  6.2.4 病虫害监测预警技术 ……………………………………………………… (133)
  6.2.5 精准施药技术 ……………………………………………………………… (135)
  6.2.6 病虫害防治智能装备 ……………………………………………………… (136)
 6.3 病虫害防治系统应用案例 …………………………………………………… (138)
  6.3.1 基于大数据技术的重大病虫害监测防控 ………………………………… (138)
  6.3.2 安徽省农作物病虫害监测预警系统大数据平台 ………………………… (138)

6.3.3 湖南省农作物重大病虫害监测预警信息系统 …………………… (141)
思考题 ……………………………………………………………………… (143)
推荐阅读书目 ……………………………………………………………… (143)

第7章 农业企业管理系统 …………………………………………………… (144)
7.1 农业企业管理系统功能与架构 …………………………………………… (144)
7.1.1 农业企业管理内涵 …………………………………………………… (144)
7.1.2 农业企业管理要素与功能 …………………………………………… (145)
7.1.3 农业企业管理系统架构 ……………………………………………… (146)
7.2 智慧农业企业管理系统设计与应用 ……………………………………… (149)
7.2.1 智慧农业管理系统设计 ……………………………………………… (149)
7.2.2 智慧农业管理系统应用案例 ………………………………………… (156)
思考题 ……………………………………………………………………… (159)
推荐阅读书目 ……………………………………………………………… (159)

第8章 农产品质量安全追溯 ………………………………………………… (160)
8.1 农产品质量安全追溯系统 ………………………………………………… (160)
8.1.1 不同对象对农产品质量安全追溯要求 ……………………………… (161)
8.1.2 农产品质量安全追溯系统功能 ……………………………………… (163)
8.1.3 农产品质量安全追溯系统架构与关键技术 ………………………… (164)
8.1.4 农产品质量安全追溯系统应用案例 ………………………………… (168)
8.2 农产品展销电商平台系统 ………………………………………………… (169)
8.2.1 农产品展销电商平台系统架构 ……………………………………… (170)
8.2.2 农产品展销电商平台优势与特色 …………………………………… (173)
8.2.3 农产品展销电商平台应用案例 ……………………………………… (174)
8.3 食品安全政府监管系统 …………………………………………………… (175)
8.3.1 食品安全政府监管体系 ……………………………………………… (175)
8.3.2 食品安全政府监管系统的功能要素 ………………………………… (176)
8.3.3 食品安全政府监管系统解决方案 …………………………………… (177)
8.3.4 系统方案设计 ………………………………………………………… (178)
8.3.5 食品安全政府监管体系案例 ………………………………………… (180)
思考题 ……………………………………………………………………… (181)
推荐阅读书目 ……………………………………………………………… (181)

参考文献 ……………………………………………………………………………… (182)

第 1 章 绪论

1.1 智慧农业概念与特征

随着现代信息技术与农业的融合发展,智慧农业作为一门综合性学科应运而生,其涉及土壤学、作物学、气象学、信息技术、控制技术等多学科领域,核心是利用新型信息技术,以一种"智慧"的方法来改变农业参与主体的相互交互方式,以提高交互的灵活性和明确性。

1.1.1 智慧农业概念

所谓智慧农业就是充分利用现代信息技术成果武装农业。智慧农业是将物联网、大数据与云计算、"3S"(遥感、地理信息系统、全球定位系统)等现代信息技术与农业产业链相结合,集集约化生产、智能化远程控制、精细化调节、科学化管理、数据化分析和扁平化经营于一体,通过对农业产业链的智能感知、监测、跟踪、数据分析等,实现对产业链的可视化诊断、智能化决策和精准化管理,进而提升农业产业链的价值创造能力,改变农业生产模式,提高经济效益的一种新型农业生产方式。

智慧农业使传统农业具有智慧,是农业发展的高级阶段,已成为一种新的生产方式和新型驱动力,也被认为是现代农业发展的高端发展方向和技术突破口,是现代农业转型升级发展的必然趋势。智慧农业是建设农业强国和实现农业现代化的重要探索,是智慧经济的重要组成部分。在宏观层面上,智慧农业应落实创新发展理念和创新驱动发展战略,加快转变农业发展方式,改造传统农业,建设现代农业,推动农业现代化的基本要求。

1.1.2 智慧农业概念的由来

随着信息技术的不断进步及其与农业发展需求的深度融合,农业生产经历了计算机农业、精准农业、数字农业和智慧农业四个发展过程。

1.1.2.1 计算机农业

计算机农业是将农业技术专家的知识通过计算机的科学程序进行推理决策,综合组装各种单项农业技术成果,形成一个可用以指导农业生产的操作简便、科学明了的方案。计算机农业实质上就是农业专家系统的应用。最早的农业专家系统是由美国伊利诺伊大学(University of Illinois)的植物病理学家和计算机科学家在20世纪70年代共同开发出的大豆病害诊断专家系统(PLANT/ds)。没有农业经验的用户利用PLANT/ds系统也能够识别大豆病害症状,并获得管理方案。此后,美国、日本、英国、荷兰、加拿大等国家相继开发了更多农业专家系统。1985年,由美国农业部农业研究服务中心作物模拟研究所开发出的棉花管理专家系统(COMAX-GOSSYM)可为棉花灌溉、施肥、施用脱叶剂和棉桃开裂剂提供整套管理方案,此系统被认为是当时最成功的农业专家系统。

1996年,国家科技部将农业专家系统的开发及推广应用列为"国家高技术研究发展计划"(简称"'863'计划")重点项目,开始实施智能化农业信息技术应用示范工程,以帮助农民提高种植水平,促进农民增产增收,提高我国农业生产的质量和效益,这个时期我国计算机农业开始发展。计算机农业的实施,极大增强了广大农民和农业技术人员对现代信息技术促进农业发展的认识,开拓了我国农业信息化的工作思路,成为加速我国农业现代化建设的催化剂,是信息技术在农业领域应用的成功典范。

1.1.2.2 精准农业

精准农业(precision agriculture)也称精细农业、精确农业,是农业生产措施与现代信息技术的有机结合,其核心技术是遥感(remote sensing,RS)、地理信息系统(geographical information system,GIS)和全球定位系统(global positioning system,GPS),统称"3S"技术。精准农业可以做到精确作业、精确施肥和精确估产。其中,RS在数据获取方面具有范围广、多时相和多波谱的特点,可以获取农田作物的生长环境、生长状况和空间变异等大量时空变化信息;GIS具有强大的空间和属性信息一体化处理能力,可以建立农田土地管理、自然条件、作物产量的空间分布等空间数据库;GPS具有全球性、全天候和连续实时定位的优势,可以对采集的农田信息进行空间定位。

1.1.2.3 数字农业

1997年,美国科学院和工程院的两院院士正式提出"数字农业"的概念。数字农业将信息作为农业生产要素,将遥感技术、地理信息系统、全球定位系统、计算机技术、通信和网络技术、自动化技术等高新技术与地理学、农学、生态学、植物生理学、土壤学等基础学科有机结合,实现在农业生产过程中对农作物、土壤从宏观到微观的实时监测、管理和调控。数字农业是以农业生产数字化为特色的农业,是数字驱动的农业,其主要目标是建成融合数据采集、数字传输网络、数据分析处理和数控农业机械为一体的数字驱动的农业生产管理体系,最终实现农业生产的数字化、网络化和自动化。

1.1.2.4 智慧农业

智慧农业以全面感知、可靠传输和智能化处理等物联网技术为支撑和手段,最大效率地利用各种农业资源,并将其广泛应用于生产、流通、销售、社区、组织和管理等农业活动全产业链。

1.1.3 智慧农业特征

智慧农业是新一代信息技术与现代农业融合的产物,是现代信息技术与农业全产业链的"生态融合"和"基因重组",是信息技术、农业技术与装备技术对区域农业资源、生产、市场的重新优化配置,是现代农业发展的一种新业态。

(1) 农业生产要素数字化、在线化

利用先进的传感技术、智能处理和远程控制等技术,达到农业生产全程精准控制和自动化作业,节省人力成本,减少资源浪费,提高产品质量和生产效率。

(2) 农业决策大数据化、智能化、精准化

充分利用大数据平台和人工智能技术对农业生产过程形成的海量数据进行加工整理,形成专家知识库,产生最优化决策,保障农业生产全过程决策数据化、智能化。在对农业生产环境参数(空气温度、空气湿度、光照和土壤养分等)的准确监测和分析的基础上,制订科学生产管理计划,进而合理分配农业资源,最终实现优质高效节本生产的目标。

(3) 全天候服务个性化、针对化

通过建设农业云计算平台和区域化模块,使农业系统具备自主运算能力,提高农业系统运算速度,快速得到反馈结果。智慧农业系统可以全天候在线服务,在很大程度提高智慧农业系统的实用性和针对性。

(4) 农业管理信用化、安全化、高效率

智慧农业在全过程、全区域都使用信息化技术手段代替人力劳动,以科学、智能化的方式进行农业生产经营,克服了传统生产经验式、管理粗放式的弊端,提高了农业生产效率和产品品质。运用现代化智能控制技术,智慧农业可实现远程自动化农事操作,从很大程度上提升生产效率。效率越高意味着人工成本越低,对农业资源的消耗也越少。尤其是随着现代农业向集约化和规模化方向发展,这种高效率的生产方式更有助于生产管理,实现工厂化生产,从而获得更高的农业生产收益。

(5) 可复制性和可追溯性

传统农业依靠经验,而智慧农业依靠技术,经验难以复制,而技术却可以复制。智慧农业成功的生产经验可以复制和推广,使用标准化的方案生产,让人人都可以是农业专家,不仅彻底改变了传统农业的操作模式,也让农业实现质的飞越,智能化程度大幅提升。同时,智慧农业的全程溯源促进了农业生产的规范化和标准化,管理者和消费者利用质量追溯系统追溯获得该农产品的全部信息,进一步保障农产品的安全性和消费者的权益。

1.2 智慧农业系统及关键技术

1.2.1 智慧农业系统

智慧农业是融合数据采集、数字传输网络、数据分析处理、数控农业机械为一体的数字驱动的农业生产管理系统,以实现"三农"产业的数字化、智能化、低碳化、生态化和集约化。智慧农业系统贯穿农业生产、经营、管理及服务,并通过物联网监控及大数据分析、决策,提供各环节的智能化服务(图1-1)。深度的感知技术、广泛的互联互通技术和高度的智能化技术使农业系统的运转更加有效、更加智慧和更加聪明,从而达到农产品竞争力强、农业可持续发展、能源有效利用和环境保护的目标。

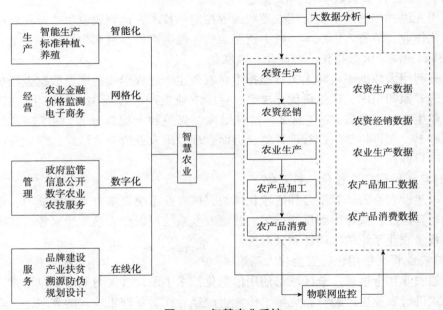

图 1-1 智慧农业系统

1.2.2 智慧农业关键技术

物联网技术是智慧农业的主要支撑,基于物联网技术的智慧农业系统平台架构如图1-2所示。智慧农业系统涵盖了农田作物、温室种植、畜牧养殖、家禽养殖、水产养殖等生产领域,主要通过实时采集农业环境的基础数据和动植物的生长状况等信息,远程监控农业生产,实现农业生产全过程的可视化和可控化。物联网是通过智能传感器、射频识别(radio frequency identification,RFID)装置、激光扫描仪(laser scanner)、全球定位系统(GPS)和遥感(RS)等信息传感设备系统和其他基于"物-物"通信模式的短距无线自组织网络,按照约定的协议,把各种物品与互联网连接,进行信息交换与通信,最终实现智能化识别、定位、跟踪、监控和管理的一种巨大智能网络。

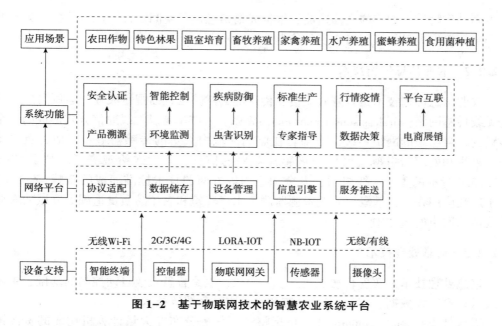

图1-2 基于物联网技术的智慧农业系统平台

农业物联网是物联网技术在农业生产、经营、管理和服务中的具体应用,具体地讲就是运用各类传感器广泛地采集农产品生产和农产品流通等领域相关信息;通过建立数据传输和格式转换方法,集成无线传感器网络、电信网和互联网,实现农业信息的多尺度(个域、视域、区域、地域)传输;最后对获取的海量农业信息进行融合与处理,并通过智能化操作终端实现农产品产前、产中、产后的过程监控、科学管理和即时服务,进而实现农业生产高产、优质、集约、高效、生态和安全的目标。农业物联网的关键技术主要有信息感知技术、信息传输技术和信息处理技术。

1.2.2.1 农业信息感知技术

农业信息感知技术是智慧农业的基础,是整个智慧农业链条上需求总量最大和最基础的环节,是智慧农业的神经末梢,主要涉及农业传感器技术、RFID 技术、GPS 技术和 RS 技术等。农业传感器技术是农业物联网和智慧农业的核心,农业传感器主要用于采集作物种植、畜禽养殖、水产养殖等农业生产领域的重要信息要素,如光、温、水、肥、气、空气尘埃、飞沫和气溶胶浓度、溶解氧、酸碱度、氨氮、电导率和浊度等参数。射频识别(RFID)技术,俗称电子标签,是通过射频信号自动识别目标对象并获取相关数据的一种非接触式的自动识别技术,广泛应用于农产品质量追溯领域。GPS 是美国 20 世纪 70 年代开始研制,90 年代全面建成,具有在海、陆、空进行全方位实时三维导航与定位能力的卫星导航与定位系统,具有全天候、高精度、自动化和高效益等显著特点。在智慧农业中,利用实时三维定位和精确授时功能,可以实时地对农田水分、肥力、杂草和病虫害、作物苗情及产量等进行描述和跟踪,农业机械可以将作物需要的肥料送到精准的位置,将需要的农药及时喷洒到准确的部位。RS 技术利用高分辨率传感器,采集地面空间分布的地物光谱反射或辐射信息,在不同的作物生长期实施全面监测,根据光谱信息进行空间定性、定位分析,为农业生产决策提供大量的田间时空变化信息。

1.2.2.2 农业信息传输技术

农业信息传输技术是智慧农业信息传送的必然路径,在智慧农业中运用最广泛的是无线传感网络(wireless sensor networks,WSN)。WSN 是以无线通信方式形成的一个多跳的、自组织的网络系统,由部署在监测区域内大量的传感器节点组成,负责感知、采集和处理网络覆盖区域中被感知对象的信息,并发送给观测者。基于 IEEE 802.15.4 标准的关于无线组网、安全和应用等方面的技术标准而成的紫蜂(ZigBee)技术广泛应用在大田灌溉、农业资源监测、水产养殖和农产品质量追溯等领域的农业无线传感网络的组建中。

1.2.2.3 信息处理技术

信息处理技术是实现智慧农业的必要手段,也是智慧农业自动控制的基础,主要涉及云计算、大数据、GIS、专家系统和决策支持系统等技术。

①云计算(cloud computing) 是指将计算任务分布在大量计算机构成的资源池上,使各种应用系统能够根据需要获取计算力、存储空间和各种软件服务。云计算能够帮助智慧农业实现信息存储资源和计算能力的分布式共享,利用智能化信息处理能力,为海量的信息分析提供支撑。

②大数据技术 是指采用统计学理论和方法,通过精细化分析、聚类、总结海量数据,找出有价值的目标数据资源,分析繁杂事务中的本质关系;通过比较不同层次、维度、历史和现代数据,找出有规律性的东西,得出有价值的结论。在农业生产领域中,大数据技术的运用包括农业资源数据、生态环境数据、农业生产数据、物流仓储数据等方面的统计分析,以进行科学决策。

③GIS 主要用于建立土地及水资源管理、土壤条件、空气条件、生产数据、作物苗情、病虫草害发生发展趋势、作物产量等的空间信息数据库和进行空间信息的地理统计处理、图形转换与表达等,为分析差异性和进行调控提供处方式决策方案。

④专家系统(expert system,ES) 是指运用特定领域的专门知识,通过推理来模拟通常由人类专家才能解决的各种复杂的、具体的问题,达到与专家具有同等解决问题能力的计算机智能程序系统。研制农业专家系统的目的是将农业专家多年积累的知识和经验与计算机技术相结合,克服时空限制,对需要解决的农业问题进行分析、判断和解答,并提出决策建议,使计算机在农业活动中起到类似人类农业专家的作用。

⑤决策支持系统(decision support system,DSS) 是通过数据、模型和知识,以人机交互方式进行半结构化或非结构化决策的计算机应用系统,用以辅助决策者。DSS 已在小麦栽培、饲料配方优化设计、大型养鸡场管理、农业节水灌溉优化、土壤信息系统管理和农机化信息管理等领域进行广泛应用研究。

⑥智能控制技术(intelligent control technology,ICT) 是控制理论发展的新阶段,主要用来解决传统方法难以解决的复杂系统的控制问题。目前智能控制技术的研究热

点有模糊控制、神经网络控制和综合智能控制技术，这些控制技术在大田种植、设施园艺、畜禽养殖和水产养殖中均取得了初步应用。

1.3 智慧农业发展现状及在我国的发展趋势

1.3.1 智慧农业发展现状

信息技术和智能化技术的快速发展，使得农作物栽培管理、测土配方施肥等农业技术成为早期智慧农业发展的萌芽。20世纪90年代，在卫星定位系统普遍应用和信息技术广泛普及的背景下，农业信息化水平显著提升。到了21世纪，智慧农业发展已初具规模，农业生产能力和农业生产效率都得到了极大提高，使农业成为持续高效的产业。智慧农业不仅是一场技术信息革命，还是农业发展理念的重大变革。它利用现代智能技术，通过精细化的管理，以控制农业生产和农业产品，从而实现农业的智慧发展。目前，美国、英国、德国、法国、荷兰和日本等国的农业生产已具备技术成熟、设施设备完善、生产规范、产量较高且质量稳定等特点，形成集设施设备制造、生产环境调节、生产资料配套为一体的产业体系。

1.3.1.1 国外智慧农业发展现状

(1) 美国

20世纪80年代，美国提出"精确农业"的发展构想，开发出智能中央计算机灌溉控制系统，并将计算机应用于温室环境控制和生产管理。随后温室计算机控制和管理技术在发达国家得到大规模应用，此后全球许多发展中国家也都纷纷引进、开发出适合本国农业生产的系统。进入20世纪90年代，智能中央计算机灌溉控制系统可以根据温室作物的特点和要求，自动调控温室内光照、温度、水、气、肥等环境因子，还可以利用温差管理技术实现对花卉、果蔬等作物的开花和成熟期的调控，以满足生产和市场的需要。美国在多年的实践过程中逐渐成为精确农业发展的领头国。精确农业的成功为智慧农业发展奠定了良好的基础。目前，美国已将全球定位系统、计算机和遥感遥测等高新技术应用于温室生产，67%的农户使用计算机进行生产控制，其中27%的农户还运用网络技术进行生产调控。40多年来，美国又依靠科学技术和高效率管理的优势迈向农业现代化的更高阶段，出台了与农业信息化相关的法律法规和发展计划，为智慧农业及其产业链条的发展提供了良好的政策环境和财政支持。

美国依托物联网等技术的智慧农业的生产水平已处于世界领先水平，带动了农业现代化的发展，构建了大农业的发展格局。此外，美国还具备完善的农业信息化体系并设立了主管农业信息化发展的机构，负责规划农业信息化建设。涉农信息化企业则将政府发布的农业大数据进行分析和预测并提供给农业生产者，为农业的生产管理和精细化耕作提供指导。随着农业智能装备的日益成熟，美国农业装备正快速地向全面自动化、人机和谐与舒适的设计方向发展。通过全球定位系统、农田遥感监测系统、农田地理信息系统、农业专家信息系统、智能化农机系统、环境监测系统、系统集成、网络化管理和培训等一系列技术，完成智能化灌溉、合理施肥、精准撒药等生产过程的精细化作业。现有大量的智能机器人、温度和湿度传感器、航拍和GPS技术等物联网和AI结合的高精尖技术，大幅度提升了美国农场的运营效率。美国已形成了农业精细化、规模化发展的智慧农业生产线系统，其69.6%的农场采用传感器采集数据，农业机器人应用到播种、喷药、收割等农业生产环节中。

（2）德国

2017年，欧洲农业机械协会（European Agricultural Machinery Association，CEMA）提出，未来欧洲农业的发展方向是以现代信息技术与先进农机装备应用为特征的农业4.0（Farming 4.0）。德国农业生产科技水平较高，利用现代信息技术，大幅改变传统的农业经营方式。德国智慧农业是通过物联网、大数据、云技术的应用，利用传感器从种养对象处收集数据，上传至数字技术综合应用平台，处理后再分发到对应农机上，进而实现智慧化管理。在德国，"3S"技术应用到大型农业机械上，实施计算机系统控制的田间作业（如耕地、播种、施肥、打农药等）；通过安装在饲养的牲畜身上电子识别牌获得动物饮食状况、产奶量等信息，从而有针对性地进行改良和改进养殖技术；由大型企业牵头研发智慧农业关键技术，为农业生产者提供技术解决方案。

（3）法国

法国政府主导集高新技术研发、商业市场咨询、法律政策保障以及互联网应用等为一体的"大农业"数据库建设。法国政府、农业合作组织和私人企业共同承担农业信息化建设，三方分工各有侧重，农民可以根据自身实际需要，自行选择其中一方的信息技术。法国具备涵盖种植、渔业、畜牧、农产品加工等领域的完备农业信息数据库，主要由各级农业部门负责对国内的农业信息进行收集、汇总与发布；农业合作组织为生产者提供法律、农业科技、农场管理等领域的信息支持；私人企业根据相关信息制订生产计划，提供定制化服务，提高农业生产效率。在法国政府大力推动下，法国农民足不出户便能在互联网上获取充足的农业信息。目前，法国的农业信息化体系呈现出"三位一体"的特点。

（4）英国

较高的工业水平使英国的农业发展较早进入机械化和自动化生产阶段，英国也是世界上最早开展未来农业模式（无人农场）研究的国家。在英国，畜牧业在农业生产结构中占主要地位，种植业其次。以机器人、自动控制技术、专家系统为代表的信息化技术使英国农业进入信息化时代，提高了农产品的产量和品质。

目前，英国大多数养殖实现了从饲料配制、分发、饲喂到粪便清理、圈舍管理等不同程度的智能化、自动化管理。英国的一些农场利用智能化、自动化控制技术开展作物生产作业。如在作物施肥喷药机械中加装土地智能扫描仪，可自动扫描土地状况、作物长势，并将处理后的数据即时传输给施肥喷药设备。施肥喷药设备则根据扫描数据精准区别不同位置作物生长状况，进行变量精准施肥施药，很好地解决了因土地多样性、复杂性带来的施肥不均、施药不匀等问题。

英国政府启动了"农业技术战略"应对气候变化和全球农业竞争加剧等问题，建立了英国国家精准农业研究中心（the National Centre for Precision Farming，NCPF），在欧盟FP7（7th Framework Programmer）计划的支持下，实施未来农场（future farm）智慧农业项目，发布了"机器人农业系统"白皮书；建立了农业信息技术和可持续发展指标中心，搭建和完善了数据科学和建模平台，搜集处理产业链上行业数据。英国的农业信息技术体系较为全面，涵盖全球定位系统、地理信息系统、空间技术与数据库、遥感系统、作物生产管理专家决策系统等，是各种信息技术和系统的集成应用。

(5) 荷兰

荷兰农业的科技水平一直处于世界领先地位，其不仅有发达的设施农业、精细农业，还生产高附加值的温室作物和园艺作物，拥有完整的创意农业生产体系。具有高度工业化特征的温室产业是荷兰最具特色的农业产业。机械技术、工程技术、电子技术、计算机管理技术、现代信息技术、生物技术等现代工业技术广泛应用于温室产业中。荷兰从20世纪80年代开始开发温室计算机自动控制系统，并不断开发模拟控制软件。到20世纪80年代中期，荷兰有近85%的温室种植者使用计算机控制系统依据作物的特点和需求对温室环境进行自动控制，从而满足作物生长发育的要求。目前，荷兰设施园艺作物生产中的环境调控均实现了智能化调控，搅拌基质、施肥、灌溉等生产环节均实现了自动化管理。

(6) 日本

日本政府十分重视农业信息化体系建设，注重对农村信息化市场规划和发展政策制定，以及农业基础设施建设，建立了完善的农业市场信息服务系统，通过不断完善农业科技生产信息支持系统，使信息技术作为载体在农业科技中发挥重要作用。如农产品中央批发市场管理委员会建立的市场销售信息服务体系、日本农协自主建立的统计发布各种农产品生产数量和价格行情预测的系统。日本还通过制定《生鲜食品电子交易标准》，建立生产资料共同订货、发送、结算的标准。

日本政府高度重视农业物联网发展，2004年将农业物联网建设列入政府计划，2014年启动实施"战略性创新/创造计划"，并于2015年启动基于"智能机械+现代信息技术"的"下一代农林水产业创造技术"。日本还运用数字技术、传感器技术和远程控制等技术建立个性化"网上农场"，使生产者可实时自主远程精准控制自有农产品生产，并获得理想的农产品。

(7) 以色列

以色列是世界上唯一位于沙漠的发达国家，常年干旱缺水，自然条件十分不利于农业生产，但是以色列发展了先进的节水灌溉技术，使其成为世界农业的典范。在以色列，已形成基于计算机控制的灌溉技术，是由计算机自动将掺入肥料的水通过塑料管道渗入植株根部，以此打造节水农业；通过物联网技术实施设施栽培；利用自动化技术实现农产品规范化贮运。近年来，以色列又将先进的电子信息技术与农业机械结合，发明了装有计算机和自动控制装置的拖拉机，能高效完成从整地、种植到收割的全套田间作业，并以最经济的方式保持操作速度和降低燃料消耗。农业生产部门则注重信息的搜集、传播和反馈，以便将最新的科研成果与技术发明应用到农业中；通过互联网了解国际需求动态，同时将国内生产状况发布到国际市场，促使供需紧密衔接。

1.3.1.2 我国智慧农业发展现状

我国农业领域引进信息技术主要起源于20世纪80年代初,1981年建立的首个计算机应用研究机构——中国农业科学院计算中心,同时引进了FELIXC-512系统。农业部在"七五"计划中首次将农业计算机应用研究列入国家攻关内容,1986年创刊并公开发行第一本农业信息技术专业刊物——《计算机农业应用》。1987年,农业部设立信息中心,主要推动信息技术在农业生产管理中的应用,各类专用程序软件大量开发并应用于农业生产和管理。20世纪90年代,专家系统研究进入高潮,农业系统计算机数量超过万台。1992年,成立全国性专业学术团体——计算机农业应用分会;2023年,成立了数字农业分会。目前,农业信息技术在农业中的应用已经越来越普遍,主要应用于占农业比重最大的种植业领域,包括智能化育种、智能化环境监控、智能化病虫害预警预报、智能化仓储等。

我国政府高度重视智慧农业发展,自2012年以来,历年的中央一号文件对"智慧农业"均有论述。"十三五"以来,智慧农业成为现代化农业发展中的重要组成部分,《中共中央国务院关于实施乡村振兴战略的意见》(2018年)、《乡村振兴战略规划(2018—2022年)》《关于实施"互联网+"农产品出村进城工程的指导意见》(2018年)、《关于实施"互联网+"农产品出村进城工程的指导意见》(2019年)、《中共中央关于制定国民经济和社会发展第十四个五年规划和2035年远景目标的建议》等多项政策文件中均提出要发展智慧农业及相关技术。2020年中央网信办、农业农村部等六部门联合印发《关于开展国家数字乡村试点工作的通知》,部署开展国家数字乡村试点工作。2022年中央一号文件再次强调"实施数字乡村建设发展工程、发展智慧农业,建立农业农村大数据体系"。连续发布的多项政策表明,发展智慧农业已成为国家重要战略之一,从长远布局、整体把控到分步实施愈加清晰。

目前,我国智慧农业正在从点的突破逐步转变成系统能力的提升,不断为农业农村发展注入活力,智慧农业建设工作取得了明显成效。自2013年起,我国陆续在北京、黑龙江五省市(自治区、直辖市)开展物联网区域试验,启动了一系列农业物联网项目。2017年围绕数字农业创新中心、重要农产品全产业链大数据和数字农业试点县建设,中央累计投资11.5亿元,共计建设92个数字农业试点项目。通过这些项目的示范带动,物联网、大数据、人工智能等新一代信息技术在大田种植、设施园艺、畜禽养殖和水产养殖行业的在线监测、精准作业、数字化管理等方面得到了广泛应用,形成了426项节本增效农业物联网产品技术和应用模式。

为促进数字农业发展,农业农村部组织实施了"金农工程",建成国家农业数据中心、国家农业科技数据分中心及32个省级农业数据中心,开通运行33个行业应用系统,信息系统已覆盖农业行业统计监测、监管评估、信息管理、预警防控等七类重要业务。农业各行业信息采集、分析、发布、服务制度机制不断完善,实现对农情、农产品市场运行、动植物疫情等重要情况的实时监测调度。推动农业农村大数据建设,积极推进粮油棉等8大类15个重点农产品全产业链大数据试点,建立"一网打尽"式市场信息发布服务窗口,为公众提供及时准确的市场信息服务。国家政策的支持使智慧农业得到了蓬勃发展。

目前，我国智慧农业的发展主要集中在农业基础资源管理、农产品生产管理、农产品质量监督管理、农产品物流销售管理等方面。农业基础资源管理和农产品质量监督管理的主导者是政府，政府将相关部门所掌握的农业基础资料和安全监督相关信息进行可视化汇总、归类，使数据掌控者能实时有效地了解数据的变化、农情的变化，并及时根据反馈信息进行决策修正，这大大提高了决策者的决策效率，使农业主管部门的决策更加明确和灵活。政府公开的数据，能使农业生产者和消费者更加便捷地了解关键信息，从而调整自己的生产和消费目标。农产品生产管理和农产品物流销售管理的主导者是农业经营者，包括进行农产品生产的农场、公司，也包括进行农产品物流和销售的经营者。农产品智慧生产管理主要是利用物联网技术，对生产过程中的光、温、水、肥、气等生产环境要素进行实时监控，并根据专家系统给出的决策建议进行生产指导，这使得生产过程更加科学、便捷，也是将农业生产逐步提升为工业生产的关键一步，通过对这些环境指标的监测和控制，能实现农业生产的标准化。农产品物流销售系统，借助于"3S"、云计算等先进技术，使得经营者能实时了解农产品物流位置情况、物流环境情况及物流损耗情况，销售系统有助于决策分析消费者情况，将物流情况与消费者情况结合分析，可快速用于农产品的物流销售决策，提高效益。智慧农业目前在国内的运用主要是以上几个方面，但是这几个方面并不是孤立的，虽然主导者有所不同，但是智慧农业系统是牵一发而动全身的整体系统，只要是数据化的农业，就能整合于、服务于智慧农业系统。

1.3.2 智慧农业在我国的发展趋势

1.3.2.1 我国智慧农业发展的意义

改革开放以来，我国现代化建设完成了"三步走"战略的前两步，中共中央关于解决农村、农业和农民问题的一系列战略思想，为农村现代化的迅速推进带来了新的契机。在科技进步和一系列惠农政策的作用下，我国粮食实现连续增产，农业生产得到全面发展，农民收入持续快速增长，社会主义新农村建设扎实稳步推进，但现阶段农业农村正发生着深刻变化，面临着许多新情况、新问题。

目前，我国农业发展面临着质量效益不高、国际竞争力不强等多重挑战。我国农业生产过程中对自然环境和生长因子的调控水平不高，农业自然灾害的不确定性和动物疫情的突发性都使农业生产的风险难以掌控，农业生产成本居高不下，农产品价格波动较大，农民收益不稳定。产业化发展水平尚不能适应现代市场经济的要求，以高新技术应用为主的高效农业规模化生产水平不高，农业组织化还处于初级阶段。农业总体上的生产与消费脱节、经营与市场分离、土地利用分散、农民与市民分隔等状况还未有根本改变，农业生产还未形成产前、产中、产后全过程紧密连接和生产、流通、消费相互衔接的现代化农业产业体系。信息技术在农业生产、流通、管理、监控等各个环节的应用还不够广泛，农业信息化水平不高，缺少典型示范。智慧农业在现代农业中的参与度不高，严重影响了农业资源利用率和生产效率的提高。农业服务产业化水平不高，农业外延功能潜力还有待大力挖掘和开发利用。

现代信息技术为我国农业现代化发展提供了前所未有的新动能，成为提高我国农业质量效益的新途径。我国农业在经历了以人力和畜力为主的传统农业（农业1.0）、机械化农业（农业2.0）、自动化农业（农业3.0）之后，必须进一步转变农业生产方式，将现代信息技术与农业深度融合，大力发展智慧农业（农业4.0）。加快发展智慧农业对于突破我国农业产业发展瓶颈，改变粗放的农业经营管理方式，提高动植物生产管理科学化水平、农业资源利用效率、疫情疫病防控能力，确保农产品质量安全，引领现代农业发展，实现我国"两个率先"的战略目标，具有十分重大的意义。智慧农业是农业发展的新阶段，是进一步解放生产力、激发农业潜力的内生动力。智慧农业的建设已经成为推动我国乡村振兴战略实施的重要内容。

1.3.2.2 我国智慧农业发展面临的主要问题

(1) 农田地块规模小，耕地细碎化问题突出

当前，我国农田地块小，碎片化程度高，经营面积 $3.4hm^2$ 以下的小农户占比95%以上，他们占有的耕地面积占我国总耕地面积的80%以上。小农户和小地块的农业生产经营方式导致我国智慧农业技术投入的边际效益低，农业经营主体应用积极性不高。

(2) 智慧农业基础设施落后，机械设备现代化程度低

当前我国大部分地区的农业基础设施仍旧落后，大型现代化农机设备较少；很多农田道路损毁严重，狭窄且坑洼不平，雨雪天气时泥泞不堪，甚至出现无法通车现象；多数牲畜禽舍的基础设施仅限于照明和取暖，喷灌和滴灌等农业灌溉设施仅在部分地区建成使用，导致农业用水效率不高，农田土壤板结、养分流失。

我国智能化装备还处于起步阶段，一些高端智能化农机设备主要依赖进口，农业科技化水平比较低，科技含量不高，很难实现多功能、复式、实时监测等作业，农业生产作业效率不高。2020年底我国主要粮食作物、丘陵山区农作物的耕种收综合机械化率分别为71.25%和49%，设施园艺综合机械化率为40.53%，畜牧养殖和水产养殖机械化率分别为35.79%和31.66%。然而受农机产品需求多样化、机具作业环境复杂等因素影响，我国目前的农机化和农机装备的智能化水平尚不能满足智慧农业需求。

(3) 智慧农业科研体系不健全，农业科技推广能力不足

当前我国智慧农业科研体系仍不健全、科研成果转化生产力能力不足，导致我国农业科研进度缓慢且科研成果难以应用于智慧农业建设发展之中。我国自主研发的农业传感器数量不到世界的10%，且稳定性不佳，智能感知系统灵敏度不高，终端远程控制系统和执行控制指令系统精确性不够。动植物模型与智能决策准确度低，与农业融合深度不够，许多农业科技系统运行的标准参数难以根据大规模生产数据确定，许多科研成果缺乏应用检验，导致一些智慧农业科研成果体系精准度不够，运行波动频繁。

(4) 农业数据采集和应用整合程度低

从目前情况来看，宽带网络虽已覆盖到村，但覆盖到农户的比例低，覆盖到农业园区的少；4G 网络信号不稳定、5G 基站少、通信费用高等问题限制了农业信息化发展。农村信息采集终端应用少、物联网基础设施薄弱，以及农田气象、耕地质量、土壤墒情、水文等监测点偏少，这些问题导致农业数据采集覆盖面不足，缺乏准确性与权威性。农业信息数据整合程度与数据标准化程度低，缺乏信息数据共享。所建立的智能模型、预警模型、管理信息系统都价值有限，农作物相关数据的收集整理成为当前面临的最大挑战。综上所述，我国农村信息化建设仍比较落后，农村信息基础设施薄弱，造成物联网、互联网、大数据等新型信息技术难以在较大范围内推广和应用。

(5) 高素质农业生产管理人才匮乏

目前，我国缺乏能够操作现代化生产设备的高素质农民，以及从事农业电子信息化研发的农业科技人员，尤其是高职称、高层次的农业人才匮乏。这些问题导致智慧农业的农村初创者和支持者较少，智慧农业建设发展的内生动力严重不足。农民了解信息化方面的知识不多，应用信息技术的能力不强，影响农产品市场开拓、农产品创新和农业信息化发展。因此，农业劳动者从事智慧农业意愿不强。

(6) 智慧农业发展受要素资源影响大

农业资源要素使用效率低限制了智慧农业的发展。从劳动力要素来看，现阶段从事农业生产的主力军为中老年人和女性，他们对农业新技术的需求和认同力不足，接受能力弱；从土地要素来看，农村耕地复种指数下降，土地抛荒现象频发，农村土地流转缺乏有序引导，影响农业产业化、规模化经营。

(7) 创新性的农业商业模式匮乏

绝大部分智慧农业技术还处于科研项目阶段，主要依靠政府财政支持得以推进。以物联网等为代表的智能化技术尚未在农业领域广泛应用，急需市场机制介入，需要创新地发展适合我国国情的商业模式，才能够真正促使农业信息化、现代化可持续良性循环发展。

1.3.2.3 智慧农业在我国的发展趋势

立足新的发展阶段，贯彻新发展理念来加快我国智慧农业发展。树立大食物观，发展设施农业，构建多元化食物供给体系。强化农业科技和装备支撑，加快发展物联网和数字经济，建设高效顺畅的流通体系，并促进数字经济和实体经济深度融合，打造具有国际竞争力的数字产业集群。聚焦"保障国家粮食安全、食品安全、生态安全，促进农民持续增收"的目标，突出农业科技自立自强，加强智慧农业的战略性、前沿性、基础性研究与关键共性技术研发，实现农业高质高效发展。攻关农业传感器与高端芯片、农业大数据智能与知识模型、农业人工智能（artificial intelligence，AI）算法与云服务等关键技术，研制高端智能农机装备、农业智能感知产品、农业自主作业（机器人）智能服务产品等重点产品。推动高端产品在智慧农（牧、渔）场、植物工厂、农产品加工智能车间、农产品智慧供应链等领域的集成应用示范，培育农业软件开发与智能信息服务、农业传感器与测控终端、农业智能装备制造等配套产业。融合生物技术（品种选育）、信息技术（数字赋能）、智能装备（机器替代），建立以"AI+大数据+新一代通信技术+物联网+北斗卫星导航"为技术支撑、与农业强国发展目标相适应、达到世界先进水平的智慧农业产业技术体系。推动农业"机器替代人力""电脑替代人脑"和"自主技术竞争力增强"三大转变，提升农业生产智能化和经营网络化水平，强化农业质量效益和竞争力，拓展农民增收空间，全面助力乡村振兴。锚定建设农业强国目标，深刻领悟农业强国的战略定位，不断强化政策和要素供给，着力推进科技和制度创新，铆足干劲推动农业强国建设。

(1) 制定统一的物联网使用技术标准

依托联盟、协会等团体和组织，快速建立包括数据标准、产品标准、市场准入标准等的团体标准，并积极推动行业标准和国家标准的建设。建立国家和行业认可的第三方产品、技术检测平台。支持研发符合农业多种不同应用目标的高可靠、低成本、适应恶劣环境的农业物联网专用传感器，解决农业物联网自组织网络和农业物联网感知节点合理部署等共性问题，建立符合我国农业应用需求的农业物联网基础软件平台和应用服务系统，为农业物联网技术产品的系统集成、批量生产、大规模应用提供技术支撑。

(2) 加强智慧农业应用基础设施建设，打牢智慧农业基础

农业信息技术基础设施是发展现代种植业、养殖业、设施农业及农产品加工业、流通业等产业的重要支持，是农业生产经营向专业化、标准化、规模化、集约化和服务社会化发展的重要保障。推进农业农村领域"新基建"工作，建设泛在、先进、开放、共享的农业新型信息基础设施体系。加快5G网络、数据中心、仓储保鲜冷链物流等新型基础设施建设，升级国家农业农村大数据中心，形成农业大数据标准化技术和数据交换机制。开展农业大数据的深度应用，建立农业大数据智能关键技术体系；构建全新的农业知识图谱，实现农业信息服务精准化、智能化。构建主要农业产业大数据云平台，重点突破农业知识图谱构建、虚拟现实、农业协同决策、数字孪生、农业大数据云服务等核心关键技术，促进大数据和农业深度融合。

(3) 培养农业信息化专业人才，推进农民职业化经营

大力培养农业科研创新、技术推广人才以及农业产业化龙头企业带头人，为发展智慧农业提供必要的智力支持。制订智慧农业人才高校培养计划，重点培养农业与信息多学科交叉的人才，鼓励信息领域人才进入农业领域开展相关科学研究与应用推广；积极开展技术培训，建设懂技术、会操作的智慧农业推广队伍。创新发展智慧农业发展的农民培养方式，根据不同地区的习俗与文化，设计合理的培训方式与内容，培育经营智慧农业的高素质复合型人才。培养符合智慧农业发展要求的高素质从业者，促使传统农民先向职业农民转型，再向高素质从业者转变，鼓励农村中青年回农村工作，带动农业和农村经济的现代化发展。

(4) 加快技术产业化进程，壮大智慧农业产业

完善和提升现代农业企业孵化园、种苗产业园、标准化生产示范园、农产品加工园、物流园等合理布局、平衡发展，提倡生态发展、绿色发展、节约发展。智慧农业物联网技术工作涉及领域广，资源整合和共享问题突出，要强化顶层设计，大

力推进农业物联网技术研发、转化、推广和应用过程中的重大问题研究,做到协调统一和地域优势平衡发展。紧跟世界智慧农业科技发展趋势,以推动重大产业项目培育为依托,平衡潜在技术需求、产业增长潜力、产品竞争力、技术带动引领性。聚焦农业智能装备制造、农业传感器与测控终端设计及制造、农业软件与新兴信息服务业三类重点创新领域,实施智慧农业相关技术产业培育工程,促进智慧农业创新链、产业链精准对接,使智慧农业科技及其产品得以更好地助力"三农"发展。提高 AI、5G、边缘计算、新型人机交互等信息技术在智慧农机、农业传感器、农业软件开发中的应用成熟度,提升智慧农业软硬件产品的支撑能力。发展农业智能生产装备、农业智能作业机器人等重点智能农机装备,实现适应性好、性价比高、可智能决策的新一代农业传感器的标准化、产业化,构建农业软件产业生态、产业集群。

(5) 加大智慧农业科研投入,开放数据共享

各级政府、相关企业和科教单位应加大智慧农业的宣传,加强有关智慧农业的技术研究和发明创造,加大科研经费投入和科技攻关力度,提高智慧农业研究的水平和智慧农业成果的推广应用,为我国实现农业现代化、数字化和智慧发展提供科学依据和技术支撑。政府部门加强农业数据的收集和整合,并在一定范围内开放相关数据,建立共享机制。传感器是智慧农业的核心技术,高端传感器核心零部件(如激光器、光栅等)的缺乏严重制约了智慧农业发展。重点研究以光学、电化学、电磁学、超声、图像等方法为基础的农业传感新机理,研发敏感器件、光电转换、微弱信号处理等核心零部件,研发具有自主知识产权的土壤养分传感器、土壤重金属传感器、农药残留传感器、作物养分与病害传感器、动物病毒传感器以及农产品品质传感器等高精度农业传感器,打破国外技术产品垄断。研制农业智能测控终端,重点研发基于芯片可进行边缘计算的高端智能终端,农情田间调查、农田巡检、农机作业质量监控、设施种养殖环境监控、冷链储运环境监控等低成本农业智能测控终端。研制负载动力换挡、无级变速、支持高效作业的柔性执行器件和智能操控系统,研制大马力自主驾驶拖拉机、机械除草机器人、大载荷无人植保机、农产品分拣分级机器人、农产品冷库装卸机器人、授粉机器人、畜禽舍巡检作业机器人等高端智能农机装备。

思考题

1. 为什么发展智慧农业?试述世界各国智慧农业发展途径存在差异的原因。
2. 简述相比于传统农业,智慧农业的特征和优势。
3. 简述智慧农业系统的应用。
4. 试述未来我国智慧农业发展中需要解决的主要问题。
5. 试我国智慧种植养殖业发展战略。
6. 试述我国智慧种植养殖业发展推进路径。

推荐阅读书目

1. 智慧农业导论. 滕桂法等. 高等教育出版社,2021.
2. 智慧农业. 李伟越,艾建安,杜完锁. 中国农业科学技术出版社,2019.
3. 智慧农业实践. 杨丹. 人民邮电出版社,2019.
4. 智慧农业产业发展研究. 李守林,郭伟亚. 中国农业科学技术出版社,2022.

第 2 章 智慧农业系统平台及关键技术

2.1 智慧农业系统平台及构建体系

2.1.1 智慧农业全产业链主要环节

农业产业链的分解方式众多,下文从智慧农业系统平台应用角度,将智慧农业全产业链分为农业生产、农业经营和农业信息服务三个环节(图2-1)。

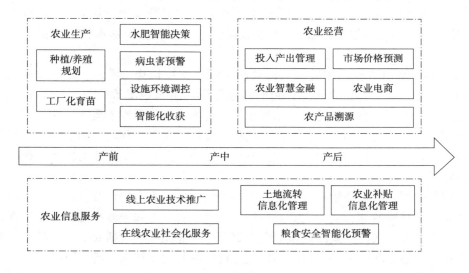

图 2-1 智慧农业全产业链环节应用

2.1.1.1 农业生产

(1) 种植/养殖规划

传统的种植/养殖决策许多是凭经验,"跟着感觉走",因信息不灵、缺乏指导,市场上什么东西畅销,生产者就种/养什么,致使菜/肉贱伤农的事件近年来屡屡发生,严重影响了生产者的收入,挫伤了生产积极性。科学的种植/养殖规划通过整合气象、农资流通、农资价格、农产品流通、农产品价格等数据并进行科学分析,依靠农业大数据指导,能更有效地预测农产品供求关系,为生产发展和政府决策提供科学、准确的依据，帮助生产者提前预判和政府出台引导措施，对区域种植/养殖规模进行合理规划和布局。例如，通过将消费者对农产品种类、品质、价格等的选择倾向进行分析，帮助优化农业生产从原料种植、产品加工、产品开发与包装过程等全过程，提高农产品附加值，提升经济效益。

(2) 工厂化育苗

工厂化育苗是将现代生物育种技术、环境监测调控技术、灌溉施肥技术及信息化决策管控等先进技术应用于种苗生产，通过设施化、装备化的种苗生产车间进行现代化、规模化、标准化的种苗生产组织，从而实现工厂化的种苗生产。根据幼苗在不同生长发育阶段需要的环境条件，设置具有不同温度、光照、湿度、营养等条件的各类室内育苗设施，将处于各生长阶段的幼苗按照工序依次置于相应的设施中培育。

(3) 智慧生产管理

农业种植的智能化生产管理主要包括水肥智能决策施用、动植物病虫害预测预警、智能化采收等，设施种植中还包括设施内小环境智能调控。

①水肥智能决策施用　根据农作物各生育期需水需肥规律，基于空气温湿度、土壤/基质温湿度、光照强度、CO_2浓度等数据信息，判断农作物水肥需求情况，并做出灌溉决策。

②动植物病虫害预测预警　实时监测天气、作物长势、灌溉、施肥、施药、天敌等情况，综合病虫害发生历史、同期其他区域病虫害情况等数据进行关联挖掘分析，进而实现对病虫害发展趋势的预测预警，为农业生产管理人员开展病虫害早期防控提供依据。通过对动物体征、饮水、饲料、疫苗、用药、环境、历史疫病数据等相关数据实时监测与分析，对动物疫病的发生做出预测预警，也为相关兽药企业按需排产、订单式生产提供参考。

③智能化收获　农作物收获一直是生产中较为耗费人力的环节，也是生产智能化管理的难点。目前收获智能化主要是通过在采收农机具上部署各类传感器，实现采收过程的精准识别、实时计量及同步数据采集等。智能化收获包括农机作业状态的监测与反馈控制，通过实时监测联合收割作业过程中的发动机转速、行进速度、收割状态等，实现农机作业自动调控（如喂入量过大时作业速度会自动变慢）。在养殖领域，智能化的机器人挤奶系统、取蛋/洁蛋机器人等，通过机器视觉等方式，智能识别作业的动物对象，采用柔性作业的方式，实现挤奶、取蛋等作业环境的程序化控制与智能化作业，极大地提高了养殖生产效率。

④设施内小气候环境调控　对于种植生产来讲，需要监测的信息包括作物生长信息（高度、叶面积等）、能源消耗信息（水、电、肥料等）、环境信息（空气环境、作物根系环境等）、病虫害发生情况等数据；对于养殖生产来讲，需监测常规动物生产情况和圈舍环境信息等数据。设施环境调控技术主要通过对动植物生长环境与动植物生长之间的关联影响进行分析，实现适宜动植物生长的环境调控。

2.1.1.2 农业经营

(1) 农产品市场价格预测

农产品价格频繁剧烈波动导致市场供需发展不均,制约我国农业可持续发展。农产品价格实时预测预警一方面有助于国家对农产品市场进行宏观调控,另一方面也有助于维持我国农产品市场平稳发展。但由于影响农产品价格变动的因素众多,如何实现农产品价格的准确预测一直是研究的重点与难点。基于大数据挖掘的农产品价格预测方法通过监测农作物总播种面积、农资流通(农资的流通量、国内市场价格)、农产品流通(农产品产量、城乡居民需求、市场摊位、国内市场流通量、国际市场流通量)、农产品流通成本等数据,分析农产品价格与其影响因素之间的隐含关系,挖掘分析农产品价格的波动特征、趋势走向、预测预警、传导机制等,对产业的健康稳定发展具有引导调控作用。如通过定期对主要农产品的生产、需求、库存、进出口、市场行情和生产成本进行动态监测与预测分析,为政府部门、农业生产经营者提供决策参考。

(2) 农业投入产出信息化管理系统

农业投入产出信息化管理系统,不但可以准确地记录种子、肥料、饲料等的使用情况,还可以通过环境、作物长势、动物个体特征(体重、脂肪率、蛋白质等)、产量等信息的挖掘分析,综合判断投入品的边际效应,分析不同投入品使用强度对动植物生长状况的影响,探索寻找最佳的投入产出平衡点,通过智能化手段提高农业经营主体的管理水平和社会效益、经济效益。

(3) 农业智慧金融服务

监测并分析农业经营者的从事产业、产业规模、年收入、农村土地经营权流转、历史贷款等生产经营数据,将这些用户数据纳入银行、农村信用社和保险机构的征信系统,作为发放贷款、设置农业保险的信用依据,通过用户画像等技术实现金融和农业的深度融合。目前,基于遥感影像、物联网数据挖掘技术在农业贷款审批,农业保险赔付中受灾面积、程度评估等方面已有商业化应用。

(4) 农产品电商销售

农产品电商模式拓展了传统农产品销售渠道,解决了传统线下交易存在的交易环境差、交易方式单一、交易结算手续缺乏规范、信息不准确不及时等问题,是未来农产品销售流通的重要方式。订单式的电商销售可通过计算机为用户匹配相应农产品的生产销售商,使用户可以明确知晓该农产品的生长情况。计算机技术在农产品销售中各环节的应用,使空间销售更加智能化。

(5) 农产品质量溯源

农产品质量追溯整合区块链、云计算等技术,构建农产品生产全程可追溯模型,实现支撑农业复杂环境下农产品质量追溯信息的分布式管理、追溯信息防篡改、追溯环节动态拓展、追溯信息快速安全检索等核心功能,提供农产品生产环境信息、生产现场视频、农业资源投入、农事操作、农产品产出等全流程信息的一体化监控等安全可信的质量追溯服务,提高农产品品牌的公众认可度,促进优质、优价格局快速形成。

2.1.1.3 精确、动态的全方位信息服务

(1) 线上线下农业技术推广

通过各种信息化手段，开展线上技术指导、答疑解惑和远程问诊，进一步做好农业技术指导。农技人员通过线上线下相结合的方式为农民讲技术、破难题，助推农业高质量发展。线上和线下的无缝对接，打通农技服务的"最后一公里"，助力农业发展，促进农民增产增收。面向"互联网+农技推广"信息化体系，搭建专家与农技人员、农技人员与农民、农民与产业间高效便捷的信息化桥梁，全面对接供给侧和需求侧。

(2) 在线农业社会化服务

通过线上整合耕种管收各类型服务组织信息，将不同类型服务组织提供的农业信息、农资供应、农事生产、农机租赁与维修、废弃物回收、农产品加工采购等服务以产品形式汇聚到云端平台，通过信息共享消除小农户与服务组织的信息鸿沟，同时通过用户画像的个性化推荐技术精准匹配农民服务需求，实现上游服务组织和下游生产经营主体、小农户间的高效服务对接，有效解决农民老龄化、农忙时节用工空心化等突出问题，促进农业服务资源在合理区域流动，全面提高农业社会化服务效率。

(3) 农业补贴信息化管理系统

农业补贴信息化管理系统的建立与应用，既实现了便民提效，也能够及时地掌握全国、省(自治区、直辖市)、市、县等各级单位的种植、作业底数和补贴兑付进度情况，杜绝虚报、假报等不良现象，从源头上堵塞虚报漏洞，让惠农补贴真正落到实处。如线上农机调度服务通过在区域间平衡统筹农机服务能力，促进闲置农机资源化利用，提高农机的使用率。

(4) 土地流转信息化管理

对耕地利用状况(基本保护田面积、各等级地力的耕地面积、撂荒地面积、占用面积)、种植情况(品种、面积、各等级地力的耕地面积、历史平均单产)、养殖情况(品种、规模、占地面积)、土地流转供求双方信息等相关数据进行监测，分析土地供求量与影响因素间的内在关联，科学预测土地供求量，促进土地流转供求双方信息的对接，促使流转效率更高，减少一方撂荒、一方找地的情况出现。

(5) 粮食安全智能化预警

粮食安全问题涉及耕地数量、农田质量、气象、水文、作物品种、栽培技术、平均单产、农资价格、农机、生产成本、生产方式、国际市场粮价等多种因素，传统分析方法难以实时准确地处理复杂关联的海量数据，通过大数据挖掘、人工智能等方法可以构建粮食安全图谱模型，从而对粮食产量进行动态预测与实时预警，帮助政府采取应对措施，促进数据驱动型科学决策。

2.1.2 智慧农业系统平台构建

2.1.2.1 智慧农业系统平台相关概念与理论方法

(1) 数据、信息、知识与智慧的定义

①数据　反映客观事物运动状态的信号通过感觉器官或观测仪器感知，包括符号、文本、数字、语音、图像、视频等形式。它是最原始的记录，未被加工解释，不能回答特定的问题。

②信息　对数据进行加工处理，使数据之间建立相互联系，形成回答了某个特定问题的文本，以及被解释具有某些意义的数字、事实、图像等形式的数据，包含了对某种类型可能的因果关系的理解。

③知识　将数据与信息、信息与信息在实际应用中建立的联系进行系统化抽象，知识体现了信息的本质和演化规则。知识是人类经验的高级体现形式，包括视角和概念、判断和预期、方法论和技能等；知识可以回答"how"（怎样）、"why"（为什么）的问题。

④智慧　是人类所表现出来的一种独有的能力，主要表现为收集、加工、应用、传播信息和知识的能力，以及对事物发展的前瞻性看法，是一种推测的、非确定性的和非随机的过程，是对更多的基本原理的理解。

数据、信息、知识和智慧是人类认识客观事物过程中不同阶段的产物。从数据到信息到知识再到智慧，是一个从低级到高级的认识过程，层次越高，外延、深度、含义、概念化和价值不断增加。数据是信息的表达，信息是数据的内涵，数据只有经过处理分析，得到信息才能发挥其价值；信息是知识的"子集"，通过对大量的信息进行系统化分析，发现其中的规律，为后续的信息分析提供帮助；知识是智慧的基础和条件，智慧是知识的综合应用与集中体现。

(2) 信息管理系统

信息管理系统是利用计算机实现信息的收集、组织、处理和利用的自动化系统，以提高信息利用率、最大限度地实现信息效用价值。信息系统包含五个基本部件：输入、控制、处理、数据库和输出。从功能上划分，信息管理系统的主要类型有数据处理系统、管理信息系统和决策支持系统三种。

①数据处理系统　是应用计算机完成数据的收集、存储、处理、更新维护的信息系统。数据处理系统属于非智能型的数据管理与控制级的层次，它主要以提高数据处理效率为目标，并不能实现业务管理，如数据库管理系统、信息检索系统。

②管理信息系统　是通过对数据的科学分析实现广泛业务管理和事务处理的信息系统。主要功能包括业务的管理、规划、调控与预测，处理对象包含大量管理类信息。管理信息系统属于非智能型的业务管理与控制级的层次，以提高业务管理的效率为目标。

③决策支持系统　提供有效决策的人-机信息系统。其具有智能决策、预测、规划、多维查询、多维分析等功能；具有很强的利用模型和其他分析技术的能力，并为决策者提供友好的计算机接口。输出常是专门问题的解决方案或图形。这类系统实现

战略规划决策级的管理,具有一定的智能性,以提高业务管理的效能为目标。其研究热点有数据仓库和数据挖掘。

(3) 知识管理系统

随着人工智能技术的不断发展应用,在信息管理系统的基础上,进一步发展为知识管理系统,该系统主要通过人工智能和多学科理论的综合应用,能有效地、创造性地进行信息和知识的获取、处理和利用。

知识管理系统是按知识逻辑整合和实现知识管理任务功能的软件,其中涉及的理论技术主要包括融合信息管理、组织管理、人工智能、知识工程等。知识管理系统目标是整合知识资源,对知识资源进行有效的组织、处理、共享与应用,提升组织的应变能力与竞争优势。从功能组成上看,知识管理系统主要可分为知识获取与挖掘子系统、知识资源管理子系统、知识处理子系统、知识应用子系统和环境支持平台。

(4) 人工智能及其应用

从思维基础的角度,人工智能是人们长期以来探索研制能够进行计算、推理和其他思维活动的智能机器的必然结果;从理论基础的角度,它是信息论、控制论、系统工程论、计算机科学、心理学、神经学、认知科学、数学和哲学等多学科交叉融合发展的结果。

从技术发展的角度,人工智能技术是电子计算机技术发展到一定复杂度的必然阶段。《人工智能手册》(第三卷)(P. R. 科恩,E. A. 费根鲍姆,1991)中认为人工智能是计算机科学中关于设计智能计算机系统的一个分支,这些系统表现出人类的某些智慧特征——理解语言、学习、推理及问题求解等。

从信息流的角度,人工智能技术应用主要解决机器感知、机器思维和机器行为三方面的问题。机器感知即知识获取,是研究机器如何直接或间接获取知识,处理自然信息(文字、图像、声音、语言、物景)的工程技术方法;机器思维即知识处理,是研究在机器中如何表示和存储知识,如何组织和管理知识,如何进行知识推理及机器学习等方法;机器行为即知识利用,是研究如何运用机器所获取的知识通过知识信息处理,进行规划与问题求解,构造知识处理、知识管理、知识应用等知识系统(或智能系统)。

2.1.2.2 智慧农业系统平台功能结构

一个完整的智慧农业系统平台通常包含以下四个功能结构。

(1) 数据汇集、传输与共享

智慧农业系统平台的首要任务是把分散在农业生产、经营、管理各环节的数据进行汇集接入,汇集的数据来源包括物联网监测设备、农机等作业装备、卫星遥感、无人机遥测、农事操作、检测化验等。这些数据通过各种网络接口汇集到智能农业系统平台,按照平台统一格式进行存储与交换,通过服务接口实现数据的互联共享。

(2) 数据存储查询

当农业数据达到一定的数量后,实际上就形成了数据仓库,智慧农业平台需能够提供有效的数据存储与查询功能。用户可以进行单项查询、组合查询和模糊查询。

(3) 数据统计与处理

智慧农业系统平台各信息系统一般都具有运用统计理论和概率理论对大量数据进行统计分析的功能。数据处理则包括从简单的排序、合并、计算，一直到复杂的数据模型的仿真、预测、优化计算等。数据挖掘、知识库、知识图谱等都是典型的与数据加工相关的技术方法。

(4) 预测决策功能

建立基于深度学习等模型的决策支持系统对农业生产过程进行预测，如作物病虫害诊断系统根据病害图片和环境数据自动判断发生病害的种类与程度，给出防控方案和推荐施用的农药名称、用法、用量等决策指导。

2.1.2.3 智慧农业系统平台的计算模式

信息系统经历了单主机计算模式、分布式客户/服务器计算模式(Client/Server，C/S)和浏览器/服务器计算模式(Browser/Server，B/S)三种计算模式。这三种计算模式的出现与计算机、网络及数据库技术的发展一脉相承，并决定了智慧农业系统平台软硬件结构的特征。

(1) 单主机计算模式

单主机模式主要指基础数据库、知识规则库、推理决策程序以及用户交互界面等全面部署在一台计算机上的应用模式，存在知识数据库及推理逻辑更新不便等不足。单主机模式是智慧农业系统的早期形态，如世界应用最早的美国伊利诺伊大学开发的大豆病虫害诊断专家系统(PLANT/ds)、美国的果园管理及病害防治系统(POM-ME)、棉花综合管理专家系统(COMAX-GOSSYM)，日本千叶大学开发的番茄病害诊断专家系统等。

(2) 分布式客户/服务器计算模式

分布式客户/服务器计算模式(C/S)是在将大部分的知识数据库和推理程序放在服务器端，而在用户端采用桌面程序的一种智慧农业系统模式。C/S模式将任务合理分配到客户(client)端和服务器(server)端，可以充分利用客户端和服务器端的计算存储资源，提高了计算效率与资源利用率，也降低了系统的通信开销。

国内应用C/S模式较早的智慧农业系统平台是北京农业信息技术研究中心研发的多媒体版农业知识服务系统。该系统采用单机环境运行，安装方便；支持丰富的多媒体知识对象；提问式专家推理，操作简便明晰；采用分层用户管理验证机制，将管理员、知识工程师、一般用户的管理操作权限分离开；采用多媒体技术，建造友善人机界面，以文本、图片、图像、音频、视频等多种媒体和用户交互，使系统更加人性化，易于使用。英国的农业环境保护培训KMS系统、天然牧场经济效益分析多知识库专家系统GAAT，以色列的花卉管理专家系统，希腊的土地评价专家系统EXGIS，意大利的灌溉管理专家系统HYDRA等均为C/S模式专家系统。

C/S模式的不足之处在于，无论是客户端还是服务器端都还需要特定的软件支持。而且基于C/S架构的软件需要开发多个不同版本以适配不同的操作系统平台，软件产品频繁的迭代更新也限制了该模式的广泛应用,进而出现了针对用户使用更为便捷的 B/S 模式。

(3)浏览器/服务器计算模式

浏览器/服务器计算模式(B/S)的智慧农业系统具有简单化、低成本、跨平台等诸多优势,已逐渐成为主流。

美国、加拿大、墨西哥等国的研究人员先后提出基于 Web 的智慧农业决策支持系统,由原来的单机架构转换为基于 Internet 和 Web 的 B/S 架构。B/S 架构智慧农业平台依托成熟的网络应用中间件技术,实现了在不同网络上的农业信息传输与智能化处理,集成 B/S 和 XML Web Service 应用,实现了程序的高可扩展性、可靠性、可操作性、可重用性,便于在不同操作系统、不同网络中间件平台开发的客户端系统交互与应用集成,从而保证应用设计符合将来重用的行业标准,是解决异构和互操作问题的新技术突破。通过在更高的层面上取得一致,从而从体系结构上保证遗留应用系统的无缝集成。

北京市农林科学院信息技术研究中心研发的网络化农业专家系统开发平台(PAID)是国内应用 B/S 模式较早的平台。PAID 3.0 基于农业专家系统平台、框架、应用系统的三层体系结构设计,定义了农业专家系统软构件、功能构件和集成构件的规范以及相应的接口标准,开发形成具有统一软总线结构、各功能构件可方便集成和互操作调用的开放式农业专家系统开发平台。PAID 系统的总体结构称为模型驱动体系结构,是通过分离系统在特定平台上的功能实现与功能描述,从而实现广泛的应用互操作。该平台支持数据的批量处理和分布式计算、协同作业和远程多用户、多目标任务的并行处理,可对特定农业领域问题进行定性推理和定量决策。

随着移动端设备以及安卓、iOS、鸿蒙等系统的快速发展,尤其是近年来 4G/5G 网络条件的加强,以智能手机为主要载体的移动版智慧农业系统成为主流,已在农业领域广泛普及,主要的形式有 APP、小程序、公众号等,为用户提供移动化、便捷化的农业领域业务应用服务。由于用户端形式的多样化、服务功能更加的强化,原有 B/S 模式的服务器端也进一步发展为云平台,从而为多种不同终端、不同类型的应用提供泛在化的智慧农业服务。

2.1.2.4 智慧农业系统云平台

(1)智慧农业系统平台总体架构

智慧农业系统平台总体架构一般包括七个层面和三个体系(图 2-2)。七个层面包括基础设施层、信息资源层、大数据调度与决策层、应用支撑层、业务层、应用表现层、用户层;三个体系包括平台标准规范体系、安全保障体系和服务保障体系。

①基础设施层 包括云服务平台用于计算、存储、用户连接等所需要的服务器、操作系统、存储设备、数据安全设备、分布式数据库,以及用于平台数据传输交换的核心骨干网、内容分发网络(CDN)、物联网(IOT)、互联网、移动互联网和第三方接入网等,是智慧农业系统平台的物理基础。

②信息资源层 主要为平台必要的数据基础,包括天地图、区划数据、土壤数据、用户本底数据等基础数据和农资投入数据、品种茬口数据、产地气象/墒情数据

2.1 智慧农业系统平台及构建体系

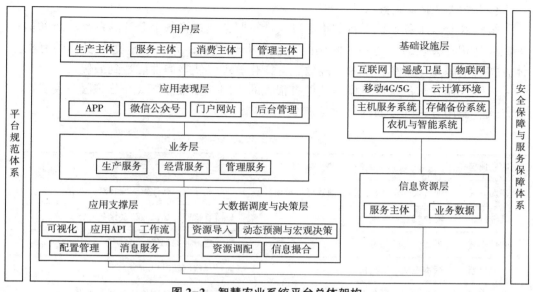

图 2-2 智慧农业系统平台总体架构

生产过程数据、种养殖管理数据、品质溯源数据、市场产销数据等业务数据。

③大数据调度与决策层 全面支持多源集成数据的调度、归档、监控、管理和分析，业务/行情等动态预测与宏观决策，第三方系统资源导入、用户导入、流量导入和安全认证管理，各类线下服务资源与需求者之间的信息撮合对接和最优调配。

④应用支撑层 平台核心业务的支撑环境，包括专题数据可视化展现管理、各类应用 API、APP 应用接口、后台管理，通过服务总线提供工作流、统计表单、功能模块、消息服务等定制，个性化业务应用的高效开发、集成、部署与管理。

⑤业务层 是平台的主体内容，主要包括生产服务、经营服务和管理服务三部分主要内容。生产服务提供种养植规划、工厂化育苗、水肥决策、疫病防控、环境调控等专项服务，覆盖农业生产的全过程。经营服务提供市场价格、投入产出管理、农业信贷、电商销售、质量追溯等专项服务。管理服务提供农技推广、农业补贴、土地流转、农机调度、农民就业等专项服务。

⑥应用表现层 由 Web 平台、APP、微信公众号、后台管理等构成。Web 平台为用户提供各类生产服务、经营服务、管理服务等功能以及各类咨询、动态、品牌宣传等增值服务；APP 实现 Web 平台功能的移动端移植，同时更加突出信息上报、专业化服务和服务资源的链接共享等；微信公众号等轻量化应用提供简化本的 APP 服务功能；后台管理系统用于平台数据管理、信息发布和统计分析等，使用对象是管理人员和平台运营人员。

⑦用户层 主要用于实现智慧农业系统平台用户信息管理与权限分配，其他功能还包括构建用户画像以支撑平台的个性化推荐服务等。平台用户主要包括生产主体、服务主体、消费主体和管理主体等类别。

(2)智慧农业云服务系统平台

智慧农业云服务系统平台是指通过云计算服务模式将各个分离的系统功能和信息等集成到相互关联的、统一和协调的云服务平台之中,成为一个完整可靠的有机整体,实现资源充分共享,集中、高效、便捷化管理,使整体性能达到最优。

云服务模式与传统许可模式软件有很大的不同,云服务模式与传统服务模式在开发方式、使用方式等方面的对比见表2-1所列。

表2-1 传统软件模式与云服务模式对比

比较项目	传统软件模式	云服务模式
开发方式	项目式开发,软件供应商针对特定用户	产品式开发,软件供应商针对大众化
硬件投入	需要配置各类服务器设备	只需要普通计算机或移动设备
软件部署	需要专业的部署	不需要专业的部署
升级更新	版本更新周期较长	通过互联网随时更新版本
使用方式	需要在固定设备上使用	任何能接入互联网的地方都能使用
技术支持	需要客户自己配备专业技术支持人员	由软件服务提供商全权负责技术支持
付费方式	一次性承担购买软件的投资风险	定期为订购服务支付费用,降低软件投资风险

国内应用较早的智慧农业云服务平台是国家农业信息化工程技术研究中心研发的"绿云格"平台。该平台围绕发展现代农业需求,以设施、畜牧、大田、水产等类型农民专业合作社为应用对象,开展农业全产业链云服务。绿云格平台主要涵盖云分布、云农场、云服务、云交易、云管理五大业务功能板块,配套研发了接口资源池、信息推送泵等应用支撑平台,面向农业生产经营主体、农业园区、涉农企业、各级农业主管部门等用户提供平台级的设备、数据和系统集成接入服务,功能级的信息系统在线个性化定制与发布服务,数据项级的信息订阅与推送服务,多角度的平台资源和公共资源展示服务,管家式的农情监测、模式推荐、农业科技、生产管理、特色农产品展销等农场管理服务,全链条的市场行情、供应采购、供给侧分析、电商平台等交易服务,多维度数据统计与决策分析,以及舆情分析、农机调度、农网视频、作物病虫害预测、冷链物流、专家服务等专业服务功能;面向第三方提供接入服务,支持基于绿云格平台的个性化系统研发、集成与协同服务。

2.2 农业信息技术

农业信息技术是智慧农业的基础性技术,指农业生产、经营、管理和服务等全领域流程应用中涉及的传感器技术、计算机技术、网络通信技术、自动控制技术等信息技术的总和。智慧农业是农业信息化发展从数字化、程序化到智能化的高级阶段与表现形式,对农业信息技术的了解有助于更好地理解智慧农业产生与发展的过程。

2.2.1 传感技术

2.2.1.1 传感技术概述

传感技术与计算机技术、通信技术一起称为信息技术的三大支柱。传感技术主要通过感知周围环境或者特殊物质，如气体感知、光线感知、温湿度感知、人体感知等，将被测参数转化为计算机可以处理的数字信号。

在对信息的分析利用过程中，首先要解决的就是信息的准确可靠获取问题，传感技术是将物理世界转化为数字信息的主要途径与手段。传感技术的核心是各类传感器，包括物理量、化学量或生物量等类型。新的传感器在信息转换的基础上还包括信号的预处理、后置处理、特征提取与选择等。传感器按用途不同可分为温湿度传感器、位移传感器、液位传感器、能耗传感器、速度传感器、加速度传感器、射线辐射传感器、热敏传感器等；按原理不同则可分为力学传感器、湿敏传感器、磁敏传感器、气敏传感器、真空度传感器、生物传感器等。

2.2.1.2 传感技术的智慧农业应用

(1) 农业传感器

农业传感器是指在农业领域应用的，对被测参数敏感，并按照一定规律将其转换成可用输出信号(一般为电信号)的装置或器件。农业传感器是获取各类农业信息的根本途径与手段，是智慧农业传感系统的"神经末梢"。

智慧农业应用中需要通过大量的传感器对生产、流通等全过程信息实现泛在感知，完整、准确、及时地了解气象、土壤以及动植物生理行为等各类数据。随着农业生产向智能化、无人化方向发展，农业传感器的使用场景更多、监测周期更长，因此对农业传感器稳定性、适应性、能耗和成本等方面提出了更高的要求。

(2) 农业常规传感器

①温湿度传感器　主要用于农业生产环境温度、湿度信息监测，多用于大田、温室或畜禽舍等环境，也可以用于检测土壤温湿度。温湿度测量可以是两个独立的传感器，但在空气温湿度监测方面，温湿度之间存在密切关系，所以出现了许多温湿度一体传感器。

空气温湿度传感器一般部署于流通较好的遮阳处，且多采用防辐射罩避免阳光直射，保证空气流通。在室内环境(如温室或畜禽舍等)根据建筑结构选择一个或多个点进行部署，以全面反映室内不同位置的温湿度差异。土壤温湿度的部署一般将传感器放置于作物根部土壤不同深度，以测量与作物的生长、发育关系最密切部分的土壤温湿度情况。部署时根据不同作物根系深度确定传感器深度。

②光合有效辐射传感器　用于测量作物生长环境中 400～700nm 波段的光合有效辐射。光合有效辐射传感器的常用应用环境包括温室、人工气象室、密闭条件实验室等场景，用以监测现场的光照条件。光合有效辐射传感器应部署在光照充分位置且避免遮挡。

③CO_2浓度传感器　用于检测空气中的 CO_2 浓度，为决定是否增施气肥或通风换

气提供依据。一般用于密封或半密封的温室、大棚或畜禽舍中。目前常用的 CO_2 传感器主要有固态电解质方式和红外方式两种，其中，红外方式在精度和长期稳定性上有着明显优势。红外 CO_2 传感器采用非色散红外测量(non-dispersive infra-red，NDIR)原理在光路中发射对 CO_2 响应较大的一定波长和强度的光线，光通过气体后部分光强被 CO_2 吸收，相关检测器分析得出当前的 CO_2 浓度。

④电导率/酸碱度传感器　是由电导电极、pH 电极、PT100 温度传感器、pH 和温度测量电路、EC 测量电路、数模转换电路、存储模块、微处理器、通信电路等部件组成。由控制器产生激励电信号施加到电导电极，电信号受待测溶液或物体的影响产生变化，变化后的电信号被电极接收，后经放大滤波与检测电路转换得到可被控制器识别的信号。控制器对信号进行换算则可得出当前的 EC 值和 pH，还可以根据当前的温度对测量值进行校正。

⑤NH_3 含量传感器　在农业生产中多用于检测畜禽舍环境中的 NH_3 含量，以判断畜禽排泄物的污染程度并决定是否需要通风换气和清除粪便。NH_3 传感器一般可分为催化燃烧式和电化学式。催化燃烧式 NH_3 传感器有使用寿命长、响应较快、受温度、湿度、压力影响小、成本低等优点，但对于多种可燃气体的选择识别性较差，且对环境含氧量有一定要求；电化学式 NH_3 传感器有工作温度范围大、寿命长、高灵敏度、线性输出、选择性好等优点，但传感器存放期有限，且环境湿度对精度有影响。

⑥植株和果实检测传感器　主要包括作物茎秆强度传感器、茎干/果实直径传感器、茎干生长传感器等，均属于力学传感器，主要用测量植株不同部位的厚度、角度、表面粗糙度，以及植株在机械作用的拉伸、压缩、垂直度，压力、液体的流量、液位，动力部件的扭矩、应力、动力，结构部件的振动、速度、加速度等。

⑦图像传感器　也称感光元件，是一种将光学图像转换成电子信号的设备，被广泛地应用在数码相机和其他电子光学设备中。随着近年来机器视觉技术的突破式发展，图像传感器目前在农作物长势监测、病虫害识别、动物行为分析、果蔬无损检测、采摘机器人等方面都有着较广泛的研究与应用。

(3) 农业智能传感器

常规传感器的功能较为简单，逐渐难以满足农业生产应用中的需求，人们希望传感器本身具有一定的信息处理能力，于是将传感器与微处理器相结合，便出现了智能传感器。目前国内外学术界对智能传感器尚无统一定义，较多的学者认为智能传感器是将常规传感器和微处理器结合并赋予智能化功能的系统，兼有信息检测、信号处理、信息记忆、分析判断等智能化功能，是传感器、计算机和通信技术融合的产物。智能传感器系统主要由传感器、微处理器及相应转换电路组成(图 2-3)。

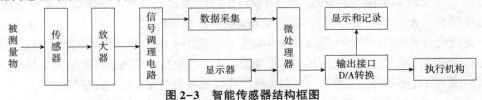

图 2-3　智能传感器结构框图

智能传感器在常规传感器的基础上，通过调理电路对信号进行滤波、放大，并转换成数字信号送入微处理器，微处理器进一步对信号进行计算、存储与数据分析。根据处理结果，一方面，通过反馈回路对传感器与信号调理电路进行调节，提高测量精度；另一方面，按一定通信协议数字化输出感知数据，方便多传感器数据的传输处理。

智能传感器与常规传感器相比在功能和性能上有了极大的提高，尤其是通过智能化软件的补偿和校准解决了常规传感器在农业复杂恶劣环境下检测精度不高、校准不便等问题，主要表现为以下几个方面。

①智能补偿与修正　由于农业智能感知系统需要实现野外环境的长时间无人值守工作，温湿度等工作环境变化巨大，连续工作时间长，传统传感器的补偿电路难以实现大范围多参数的自动修正，农业智能传感器则可以通过嵌入式软件对数据进行补偿修正。农业智能传感器还可以根据系统工作的具体场景需求决定各部分的供电和数据上传的周期与速率，使系统在最低功耗与最优性能的状态下工作。

②自检、自诊断和自校准功能　对于无人值守的农业监测系统，人工检修设备故障费时费力，而农业智能传感器还可以通过对环境的感知判断，实现对自身故障的诊断与自校准调整，部分问题可由操作者远程控制，对设备进行重置或在线校准。

③软件组态功能　农业智能传感器设置包含有多种模块化的感知硬件和软硬件，用户可通过操作指令改变智能传感器的硬件模块和软件模块的组合状态，以达到不同应用目的，完成不同功能，实现多传感、多参数的复合测量，增加传感器的灵活性和可靠性。

④双向通信和标准化数字输出功能　农业智能传感器具有数字标准化数据通信接口，能与计算机直接相连或与接口总线相连，相互交互信息，这也是农业智能传感器智能化的关键标志之一。

⑤信息存储与记忆功能　可存储各种信息，如设备历史信息、校正数据、测量参数、状态参数等。对检测数据的随时存取，可大大加快信息的处理速度。

(4) 农业网络传感器

随着传感器智能化水平的不断提高，业界提出越来越多的信息处理算法，有些处理算法还需要和前端传感器采集数据进行实时的交互联动，以达到更高的检测精度或更丰富的感知功能。传感器本身的嵌入式计算能力相对有限，难以支撑人们对智能化传感器的全部计算存储需求，于是智能传感器开始向网络化发展。农业网络传感器是通过网络通信技术整合各类农业智能传感器，通过分布式信息处理技术将智能传感器采集的信息进行汇集与处理，并将处理后的信息传送到用户端提供智能化信息服务。网络传感器将网络接口与智能化传感器进行集成，实现智能传感器间的协同感知与分布式处理，将信息采集、传输、处理一体化集成。

①农业网络传感器优点　网络化使农业传感器由单一功能、单一检测向多功能、多点检测方向发展，使信息处理由被动检测转向主动检测，由就地检测转向远距离实时在线检测。网络传感器各节点间协同工作、互为校正，提高了感知精度；单一节点的功能更简单，传感器的功耗、体积、抗干扰性和可靠性等进一步提高，更能满足农

业应用的需要。网络化传感器感知数据实时回传上报，提高了数据实时效用；无线自组网方式具有易于维护与扩展的优点；方便实现数据资源共享，从而降低测量系统的综合成本。

②农业网络传感器分类　按照传输介质不同，可将网络化传感器分为有线网络传感器和无线网络传感器。有线网络传感器采用固体介质来进行信息传输，如铜线或光纤等；无线网络传感器一般采用无线电通信方式，其结构框架如图2-4所示。

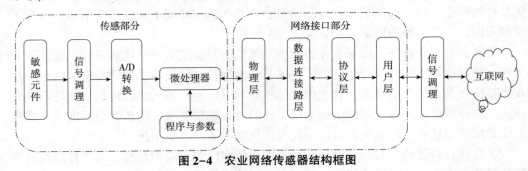

图2-4　农业网络传感器结构框图

2.2.2　计算机技术

2.2.2.1　计算机技术相关概念

计算机技术目前已应用到几乎全部的科学技术领域，包括高能物理、气象预报、地震预测、工程设计、航空航天技术、载人深潜技术等。随着计算机技术在运算速度、存储能力以及逻辑推理等方面的飞速发展，已成为各行各业中不可或缺的重要工具，农业生产中涉及的计算机技术有以下几类。

(1) 数据信息管理

数据信息管理是计算机技术中应用最基础、最广泛的技术之一。人们通过计算机可以将原有的纸质记录进行电子化，转变为存储在硬盘中的数据，从而便捷高效地存储、分析、分发与计算处理等，极大地提高人们对数据信息的管理和处理能力。

传统农业生产运营主要依靠管理人员经验，对农产品生产、流通、营销等过程缺乏管理数据化的支撑，易造成供需失调和资源成本浪费，严重影响生产效益。数据信息管理技术与系统可以方便地记录农业生产过程，对农资投入、人员用工、产出效益等进行全程数字化记录，还可以进行人事、物资管理及投入产出分析等，让农业生产更加精准化。尤其是近年来农业的规模化生产经营趋势，对数据信息管理技术的需求更加迫切。

(2) 推理决策技术与专家系统

随着数据信息管理技术系统的发展与广泛应用，人们逐渐发现信息管理系统的作用与期望效果仍有不小的距离，主要原因是数据信息管理只解决了信息存储、管理和简单分析等功能，而对于管理者而言更加需要的是决策信息，以便更加有效地管理和利用资源。推理决策技术与专家系统便是从这方面的需求出发，从数据信息管理技术中发展而来。

推理决策技术通过对数据的挖掘分析，明确决策目标并进行问题识别，通过构建决策模型对各种方案进行评价和优选，通过人机交互式的比较和判断，为正确决策提供必要的支持。其运行过程可以简单描述为：用户通过会话系统输入要解决的决策问题，会话系统把输入问题传递给问题处理系统，问题处理系统开始收集数据信息，并根据知识库中已有知识来进行判断和问题识别，如果出现信息不完全的情况，系统将通过会话系统与用户进行交互对话，直到问题得到明确；然后系统开始搜寻问题解决的模型，通过计算推理得出可行性方案，最终将决策信息提供给用户。农业园区中的施肥灌溉、环境调控等自动控制系统，其核心都是采用的推理决策技术。

(3) 机器翻译

机器翻译，也称为计算机翻译，消除了不同文字和语言间的隔阂，减轻了大量翻译人员的工作量，堪称高科技造福人类之举。但长期以来机器翻译的质量一直是个问题，如何进行语言的模糊识别和逻辑判断，使译文达到"信、达、雅"的程度，有望随着人工智能技术的发展得到进一步提升。

机器翻译可以简化为一个典型的通信系统，根据接收端收到的信号去分析、理解、还原发送端传送过来的信息。其实人们平时在说话时，脑子就是一个信息源，喉咙(声带)和空气就如同电线和光缆般的信道，听众的耳朵就是接收端，而听到的声音就是传送过来的信号。根据声学信号来推测说话者的意思就是语音识别。这样说来，如果接收端是一台计算机而不是人的话，那么计算机要做的就是语音的自动识别。同样，在计算机中，如果要根据接收到的英语信息推测说话者的汉语意思，就是机器翻译；如果要根据带有拼写错误的语句推测说话者想表达的正确意思，那就是自动纠错。

(4) 图像处理与计算机视觉

计算机视觉属于一门研究如何使机器会"看"的科学，是指使用计算机对摄像头采集的图像进行识别、跟踪和测量等，代替人眼直接获得想要的信息，或者对于人眼不便直接观察的图像做图形处理，使之成为更适合人眼观察或分析处理的图像。计算机视觉也可以看作是研究如何使人工系统从图像或多维数据中"感知"的科学。

计算机视觉是典型的跨领域交叉学科，其核心技术包括计算机科学(图形、算法、理论、系统、体系结构)、数学(信息检索、机器学习)、工程学(机器人、语音、自然语言处理、图像处理)、物理学(光学)、生物学(神经科学)和心理学(认知科学)等。计算机视觉主要包括图像分类、对象检测、目标跟踪、语义分割和实例分割五大类技术。

①图像分类 是指给定一组各自被标记为单一类别的图像，对一组新的测试图像的类别进行预测，并计算预测的准确性。目前较为流行的图像分类架构是卷积神经网络，即将图像送入网络，然后网络对图像数据进行分类。

②对象检测 是指利用图像处理与模式识别等领域的理论和方法，检测出图像中存在的目标对象，确定这些目标对象的语义类别，并标定出目标对象在图像中的位置。对象检测是识别的前提，只有检测到对象才能进行识别。

③目标跟踪　是指在特定场景跟踪某一个或多个感兴趣的特定对象的过程，目标跟踪在无人驾驶和机器人领域有着关键性作用。目标跟踪算法可分成生成算法和判别算法两类，有两种可以使用的基本网络模型：堆叠自动编码器(SAE)和卷积神经网络。

④语义分割　计算机视觉的核心是分割，它将整个图像分成一个个像素组，然后对其进行标记和分类。特别地，语义分割试图在语义上理解图像中每个像素的角色。除了识别人、道路、汽车、树木等之外，还必须确定每个物体的边界。与分类不同，语义分割中需要用模型对密集像素进行预测和判别。

卷积神经网络在语义分割任务上取得了巨大成功。最常用的方法之一就是加利福尼亚大学伯克利分校提出的全卷积网络(FCN)，提出了端到端的卷积神经网络体系结构，在没有任何全连接层的情况下进行密集预测。这种方法允许针对任何尺寸的图像生成分割映射，并且比块分类算法快得多，几乎后续所有的语义分割算法都采用了这种范式。

⑤实例分割　其实就是目标检测和语义分割的结合。相对目标检测的边界框，实例分割可精确到物体的边缘；相对语义分割，实例分割需要标注出图上同一物体的不同个体(羊1、羊2、羊3……)。多个重叠物体以及复杂背景下的实例分割问题是目前研究中的难点。

2.2.2.2　计算机技术在智慧农业中的应用

计算机技术在智慧农业领域的应用非常广泛，主要用于农业生产信息化管理、水肥灌溉决策、农技知识智能问答、农作物与病害识别等场景。

(1) 信息管理技术在农业中的应用

农业生产过程的信息化管理是计算机技术在智慧农业中的重要应用。以设施蔬菜生产管理为例，智慧生产管理系统覆盖从种植到采收、加工到销售的整个业务流程，涉及各级管理者、田间技术员、生产统计员、生产物资管理员、产品过磅人员、追溯条码打印人员等多个角色，以及田间、加工厂、生产物资库房、办公室等多个应用场景。农业信息化管理系统功能主要包括标准化种植规程管理、种植计划管理、田间档案管理、生产物资管理、采收统计、生产统计、产品统计、数据分析等。

(2) 推理决策技术在农业中的应用

推理决策技术通过对农作物生长环境进行挖掘分析，为农业生产构建精细化的决策模型，可以根据模型为不同区域农作物的生长状况定制差异化管理策略，从而实现农业的精细化生产管理和作业生长过程的精准把控。农业推理决策系统进行挖掘分析时利用的数据主要包括地块基础数据、卫星定位数据、土壤数据、环境数据、气象数据、作物长势数据等。推理决策技术通过农作物生长过程中的各个因素(品种、茬口、土壤、环境、水分、湿度、光照以及微量元素、平均温度、信息等)进行精准化的管理，帮助制定快速、精准、智能的决策。

推理决策技术在智慧农业中的应用不仅提升了农业生产管理的效率与科学水平，提高了农作物的产量与品质，还将农田、畜牧养殖场、水产养殖基地等生产和周边生态环境视为一个整体,通过精量化的水肥药决策,在避免资源浪费的同时也起到了改善农业生态环境的作用。

(3) 自然语言处理技术在农业中的应用

随着农业生产精准化水平的不断提升,农业生产管理者对于农业知识与生产技术的需求越来越强烈,目前知识与技术服务的来源主要还是农业领域专家,而农业专家无法为所有的农业生产用户提供24h的服务或帮助。因此,基于自然语言处理技术的农业智能问答系统成了当前迫切需求之一。

智能问答系统的主要功能是在系统和人类之间搭建一座桥梁,让系统直接回答人类所提出的问题。智能问答系统是在搜索引擎的基础上,对检索结果进行答案抽取等处理,使用户可以快速、方便、准确地获得自己需要的信息。随着自然语言处理技术的迅速发展,问答系统不仅可以"读懂"语言表面的信息,还可以"理解"深层的信息,这种技术恰好为农业复杂生产过程问答系统的发展提供了必要技术基础。智能问答系统由于支持用户自然语言输入、精准捕获用户意图、返回简洁准确的答案,成为近年来的研究热点。

(4) 计算机视觉技术在农业中的应用

在智慧农业生产过程中,计算机视觉技术主要运用在农作物的图像处理中,通过图像智能识别,来获取农作物的生长状态、健康状况等。

病虫草害、肥害、药害以及水分养分胁迫等均是影响农作物正常生长的重要因素,传统管理模式不但需要人工频繁的现场查看,而且对受害的程度也多根据主观经验判断,缺乏量化手段。计算机视觉作为接近于人工观测的技术手段,可以通过对农作物生长图像的监测与分析,提取其作物生长图像中的特征信息,为农业生产决策系统提供视觉理解信息和基础数据支撑。计算机视频技术可以利用光谱分析法、外形分析法及颜色分析法等视觉分析方法,对农作物生长状况进行实时甄别。

2.2.3 通信技术

2.2.3.1 通信技术相关概念

通信技术是电子工程的重要分支,同时也是其中一个基础学科。该学科关注的是通信过程中的信息传输和信号处理的原理和应用。通信工程研究的是以电磁波、声波或光波的形式把信息通过电脉冲,从发送端(信源)传输到一个或多个接收端(信宿)。接收端能否正确辨认信息,取决于传输中损耗功率的高低。信号处理是通信工程中一个重要环节,其包括过滤、编码和解码等。

(1) 短距无线通信技术

①Wi-Fi 是一种允许电子设备连接到一个无线局域网(WLAN)的技术,通常使用2.4G UHF或5G SHF ISM射频频段。Wi-Fi是一个无线网络通信技术的品牌,由Wi-Fi联盟所持有。最常见的是作用是将设备连接到路由器,进而接入互联网,也是目前短距离高速通信的主要方式,传输距离多在十几米到几十米不等。

②蓝牙(bluetooth) 是一种常见的短距离通信技术,可实现固定设备、移动设备

和楼宇个人域网之间的短距离数据交换。蓝牙可连接多个设备,其最大特色在于能让易携带的移动通信设备和计算机在不借助电缆的情况下联网,并传输资料和讯息,传输距离一般小于100m。

③超宽带 超宽带(ultra wide band,UWB)技术是一种新型的无载波通信技术,UWB的工作频段为3.1~10.6GHz,最小工作频宽为500MHz。具有传输速率高、发射信号功率谱密度低、系统复杂度低、抗多径衰落能力强等优点。由于UWB系统占用的带宽很高,其可能会干扰现有其他无线通信系统。UWB主要应用在高分辨率较小范围、能够穿透墙壁地面等障碍物的短距离通信系统中。

④ZigBee 也称紫蜂,是一种窄带宽、低速率、短距离的无线网络传输协议,底层是采用IEEE 802.15.4标准规范的媒体访问层与物理层。具有低功耗、低成本、自组织支持多种网上拓扑、低复杂度、快速、可靠、安全特点。传输范围一般为10~100m,在增加发射功率后也可增加到1~3km。

⑤近距离无线通信(near field communication,NFC) 是一种非接触式的自动识别技术,它通过射频信号自动识别目标对象并获取相关数据,传输距离多在几厘米到几米。射频识别技术(radio frequency identification,RFID)也是NFC技术的一种典型应用,即人们平时所说的电子标签,通过相距几厘米到几米距离内读写器发射的无线电波,可以读取电子标签内存储的信息,识别电子标签代表的物品、人和器具的身份。RFID是通过无线射频方式进行双向数据通信的一种自动识别技术。RFID可应用于各种恶劣环境,可识别高速运动物体并可同时识别多个标签,操作快捷方便,实现了无源和免接触操作,使用方便。

(2) 长距无线通信技术

①窄带物联网(narrow band internet of things,NB-IoT) 成为万物互联网络的一个重要分支。NB-IoT只占用约180KHz的带宽,可直接部署于GSM网络、UMTS网络或LTE网络,以降低部署成本、实现平滑升级。NB-IoT的特点是低频段、低功耗、低成本、高覆盖、高网络容量,也称作低功耗广域网(LPWAN)。一个基站就可以比传统的2G、蓝牙、Wi-Fi多提供50~100倍的接入终端,并且只需一节电池,设备就可以工作十年,传输距离在10km以上。

②远距离无线电(long range radio,LoRa) 它在同样的功耗条件下比传统的无线射频通信距离扩大3~5倍,实现了低功耗和远距离的统一。典型的传输距离为2~5km,最高可达15km。

③2G/3G/4G/5G技术 2G/3G/4G/5G分别是第二、第三、第四、第五代移动通信技术的简称。2G主要以语音通信为主;3G服务能够同时传送声音及数据信息,是将无线通信与国际互联网等多媒体通信结合的一代移动通信系统;4G通信技术是在3G技术上进一步改良升级,数据传输速度可达100Mbps,让传输图像的质量和图像看起来更加清晰;5G是最新一代蜂窝移动通信技术,其性能目标是高数据速率,减少延迟、节省能源、降低成本、提高系统容量和大规模设备连接,一般能满足下行带宽3Gbps以上、上行带宽1Gbps以上、时延小于5ms的信号传输质量要求。

(3) 光纤通信技术

光纤通信技术是以光信号作为信息载体、以光纤作为传输介质的通信技术。因光纤体积小、重量轻、传输频带极宽、传输距离远、电磁干扰抗性强以及不易串音等优点，光纤通信技术发展十分迅速，目前已成为电信主干网络通信的主要方式。

(4) 量子通信技术

量子通信技术是利用量子叠加态和纠缠效应进行信息传递的新型通信方式，基于量子力学中的不确定性、测量坍缩和不可克隆三大原理提供了无法被窃听和计算破解的绝对安全性保证。量子通信网络有量子通信网络管理层、量子通信控制层和传输信道层三个功能层面。量子通信与传统的经典通信相比，具有极高的安全性和保密性，且时效性高传输速度快，没有电磁辐射。量子通信技术有望在 10~15 年之后成为继电子和光电子之后的新一代通信技术。

2.2.3.2 通信技术在智慧农业中的应用

农业的分布区域广泛，如何把各个区域的数据进行高效可靠的采集与集中监测是智慧农业的难点与热点。通信技术在智慧农业中承担了连通农业生产现场和云端计算平台的任务，为智能化的决策、控制提供及时有效的数据来源。

(1) 农业温室环境采集网络

传统有线环境监测方式成本高，而且不便在温室中部署，过多的布线也会对正常的农业生产作业造成影响。ZigBee、蓝牙等短距离无线通信技术可以通过无线通信方式将多个传感器的数据进行互连采集汇聚，数据在网关处进行协议转换、数据处理，并通过远程网络将数据回传上报至云端系统。

(2) 大面积农田灌溉控制网络

传统大面积农田灌溉都需人力手工操作，不仅费时费力，人工控制也难以实现灌溉用水的精准节约利用。基于 LoRa 的大田智能灌溉管理系统通过 LoRa 网络将硬件设备与控制平台相连，实现远程操控。硬件设备主要包括泵房智能控制柜、集控器、智能灌溉控制器、配套传感器等，软件控制平台主要包括云平台、智能手机上的客户端程序等。LoRa 网络支持节点主动上报、唤醒轮询、服务器下发等工作模式；支持 MQTT/Socket 协议等。而 LoRa 智能网关在收集到相关数据后，也需要与远程的云端平台建立连接，网关一般支持以太网、4G/5G 网络、Wi-Fi 等，但一般在农业生产中应用最多的还是 4G/5G 网络。

(3) 天空地立体化监测传感网络与农业大数据专线

天空地立体化监测传感网络和农业大数据专线是通信技术在智慧农业中最新发展方向。基于 5G 移动通信技术，构建基于卫星、无人机、智能农机装备的天空地立体化监测传感网络，形成智慧农业的感知中枢，实现水土气、作物长势、病虫情、干旱、洪涝、作物产量等农情的高带宽、低时延、广接入、低成本的感知传输网络，支持设备和用户的高质量上网、数据传输，控制与反馈信息化的低延迟收发；同时配套开发数据总线，支持实现水土气、作物长势、病虫情、干旱、洪涝、作物产量等信息采集设备、系统的灵活接入。

基于光纤通信技术建立农业大数据专线，数据专线提供安全、可靠、高速的专用数据通道环境，用于农业大数据分中心与主中心的网络互联。农业大数据专线可承载大数据汇聚、交换、共享等服务，实现海量农业大数据，尤其是视频、遥感等大体量数据的本地存储，远程高带宽调用查看与数据共享，同时支持多方远程视频会商等高带宽信息服务。

2.2.4 自动控制技术

自动控制技术是指通过具有一定控制功能的系统，自动完成某种控制任务，保证某个过程按照预想进行，或者实现某个预设的目标。自动控制技术已广泛应用于工业、农业、军事、交通、居民生活等各个领域。在农业方面的应用包括环境的自动控制、灌溉自动控制、农业机械的自动操作等。

智能控制是自动控制理论发展的新阶段，主要用于解决传统控制方法难以处理的复杂系统控制问题。常用的智能技术包括模糊逻辑控制、神经网络控制、专家系统、学习控制、分层递阶控制、遗传算法等。以智能控制为核心的智能控制系统具有一定的智能行为，如自学习、自适应、自组织等。

2.2.4.1 自动控制技术相关概念

自动控制技术按照发展阶段的不同可分为经典控制理论、现代控制理论和智能控制理论。

(1) 经典控制理论

经典控制的研究对象为单输入、单输出的控制系统。按照控制原理的不同，可将经典控制技术分为开环控制和闭环控制。

①开环控制　是指无反馈信息的系统控制方式。当操作者启动系统，使其进入运行状态后，系统将操作者的指令一次性输向受控对象。此后，操作者对受控对象的变化便不能做进一步的控制，控制精度和抑制干扰的能力较差。采用开环控制设计的人机系统，操作指令的设计十分重要，一旦出错，将产生无法挽回的损失。

②闭环控制　该系统是建立在反馈原理基础之上的，又称反馈控制系统，是指被控的输出量以一定方式返回到输入端，并对输入端施加控制影响的一种控制关系。闭环控制利用输出量同期望值的偏差对系统进行控制，可获得比较好的控制性能。

(2) 现代控制理论

由于经典控制理论主要基于线性微分方程对控制系统进行描述，其在非线性系统控制方面存在较明显的局限性，现代控制理论的产生也主要是为了解决非线性系统的控制问题。现代自动控制理论的研究范围包括单入单出、多入多出控制、鲁棒控制、最优控制等较为复杂的问题。现代控制理论的发展呈现出从简单到复杂、从线性到非线性、从静态控制到动态控制等方向的发展趋势。

(3) 智能控制理论

现代控制理论仍是建构在确定数学模型的基础上，对于复杂度高、动态多变等难以建立精确的数学模型的系统，原有的控制理论仍具有较大局限性，智能控制理论的出现为解决这些复杂系统控制问题提供了有效的方法。

近年来随着人工智能技术的飞速发展,以人工智能理论方法为核心的智能控制理论逐步产生和发展。智能控制是指以支持向量机、神经网络、机器学习等人工智能新方法来驱动设备,从而模拟或实现人类在日常生产经营活动中的智能控制和决策行为的过程,它是人工智能和自动控制的交集。目前存在的智能控制系统包含递阶控制系统、专家控制系统、模糊控制系统、神经控制系统和学习控制系统。这些系统都有自己的构成依据、组成结构和分析方法等,可以在不同的情况下有针对性地加以应用。

2.2.4.2 自动控制技术的智慧农业应用

自动控制技术在智慧农业中的应用主要包括耕耘、栽培、收割、运输、排灌、作物管理、禽畜饲养等过程和温室环境的自动管理。最常见的农业自动化控制应用有环境监测与智能调控、水肥一体化智能灌溉控制、病虫害监测预警与精准施药控制等。

(1) 环境监测与智能调控

依靠人工的传统经验调节方式难以保证环境的最适宜程度,目前有设施传感器网络数据融合与情景感知、温室环境智能调控、温室作物与环境建模技术、温室生产云服务平台等人工智能应用方案。

研究人员通过温室内的分布式传感器网络对设施小环境信息进行精确感知与融合,并采用深度学习神经网络等方法构建小环境动态估计模型,实现温室环境的精确预测。温室环境调控涉及种植作物、小气候因子、物理设备以及各类外界干扰等多个复杂对象,简而言之,主要包括物理部分和生物部分两个部分。生物部分(如干物质、叶面积、果实的数量和质量等)对环境变化是一个缓慢的响应过程,宜采用离线的方式进行优化处理,而温室的物理设备则具有较快的响应特性,宜采用在线的方式进行实时控制。温室小环境控制的研究发展方向包括作物生理与环境综合控制以及经济优化指向型控制,通过对多源数据的关联挖掘来分析作物与环境的互作性与控制时间差异尺度,综合考虑提高作物产量、降低成本,实现经济效益的最大化。

(2) 水肥一体化智能灌溉控制

农业水肥一体智能灌溉控制系统通过实时采集环境和作物信息参数,通过液位计、流量计等对水肥施用进行精确计量监测,结合水肥一体化灌溉自动化微控设备,对灌溉的微控调制参数进行实时闭环反馈调整,实现水肥精确定量施用,大大提高水肥灌溉的利用效率。网络化的智能灌溉控制系统还可以实现作物生产基地水肥管理的互联互通,农技人员可随时随地通过各类移动互联网终端查看并实现远程控制水肥灌溉,实现农业生产基地的少人化管理,节水节肥,提高作物的产量品质与综合经济效益。

(3) 病虫害监测预警与精准施药控制

我国农业生产农药化肥过量、低效施用的问题较为突出,造成资源浪费、环境污染、农产品质量安全、病虫害耐药性等问题。精准施药技术根据病害监测预警信息,结合实时视频及图像校验,采用智能喷药控制系统控制药物配比和自动雾化喷施。自动雾化喷施具有雾滴带电、穿透性强、变量控制等优势,农药有效利用率得到提高,超低量施药,且避免人工打药造成的药害危险。

2.3 物联网技术及其应用

物联网概念最早于1995年由比尔·盖茨在《未来之路》一书中提出，但当时并未引起人们的重视。直到2005年，国际电信同盟发布了《ITU互联网报告2005：物联网》指出，无所不在的"物联网"通信时代即将来临，之后物联网技术迅猛发展。2010年我国政府将物联网列为重点产业，宣布物联网是我国长期发展计划的一部分。近年来，随着通信技术的快速发展，2010年后全球物联网设备数量高速增长，复合增长率达20.9%；2021年全球物联网设备连接数量高达123亿个。

物联网是以传统互联网、电信网等为信息载体，将所有的设备、物品自由接入并实现互联互通的网络。它具有普通对象设备化、自治终端互联化和普适服务智能化三个重要特征。从技术方面而言，物联网通过集成整合传感器、射频识别、全球卫星定位、红外感应、激光扫描等多种技术，通过各类可能的网络接入，实现物与物、物与人的泛在连接，实时采集其声、光、热、电、力学、化学、生物、位置等各类信息，实现对物品和过程的智能化感知、识别和管理。

全面感知、可靠传输和智能处理是物联网技术的三大典型特征，在即将到来的"万物互联"时代，物联网将实现任何人（anyone）、任何时间（anytime）、任何地方（anywhere）和任何事（anything）的4A连接（图2-5）。

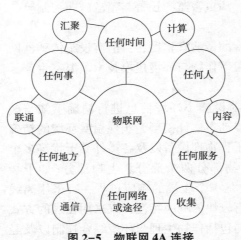

图2-5 物联网4A连接

物联网可分为感知层、传输层和应用层，分别聚焦于数据的感知获取、传输汇聚以及分析处理等功能。下文将分别从感知层、传输层、应用层三个技术层面对农业物联网技术进行介绍。

2.3.1 感知层技术

2.3.1.1 农业物联网感知层

感知层是物联网的基础，是将物理世界向信息世界转化的重要纽带，涉及的主要技术包括传感器技术、RFID技术、二维码技术等。农业物联网感知层作为获取信息的重要手段与直接来源，是实现智慧农业的感知前端与关键环节。通过在农业生产现场部署大量的感知设备，感知获取温湿度、光照强度、土壤营养成分以及酸碱度等环境参数，以及动植物生理特征参数，数据经网络传输汇集至云端数据服务中心，由数据中心根据所获取的数据进行分析处理、融合决策，从而指导农业生产或通过农业专家将知识直接转化为物联网作业设备的自动控制指令，实现自动化、智能化的农业生产、管理与决策。

2.3.1.2　感知层技术在智慧农业中的应用

农业物联网感知层需要借助各传感器获取农业生产过程中的各种数据信息(如温湿度信息以及光照情况和营养状况等)，借助所获取的此种信息能够更好地判断植物生长状态，进而以数据支撑农业生产的智能化管控。

(1) 种植/养殖环境感知

空气环境信息检测包括农业种植/养殖的空气温湿度、光照强度信息采集，CO_2浓度、NH_3浓度等气体参数检测。种植作物根系环境信息感知包括土壤种植及基质、水培等无土栽培的根系环境信息监测。以土壤为例，一般包括含水量、酸碱度测量，氮、磷、钾、有机碳、矿物质等成分的检测，砷、铅、镉、铬、镍、铜等重金属含量的测定，以及土壤农药残留信息的感知。其中，可见-近红外光谱、太赫兹透射光谱等技术为土壤信息的精确测量提供了新的方法和技术。

(2) 动植物生理信息感知

①作物营养与生理感知　作物营养与生理指标是评价作物生长的关键，快速准确地获取作物生理和营养信息，有助于实现作物生产的精确化、数字化、智能化管理。研究人员通过数字图像处理技术、近红外光谱、高光谱等手段对作物中氮、磷、钾、丙二醛、可溶性蛋白质、植物色素等成分开展检测研究。

②畜禽生理信息感知　畜禽体征信息主要包括个体识别信息、健康信息、行为信息、情绪信息等。近年来有许多基于图像识别技术对动物的行为进行识别。机器视觉技术、双目视觉原理和径向基函数(radial basis function，RBF)神经网络等的图像识别技术对畜禽信息感知的研究，可在不危害动物的情况下，实现动物体尺、体质量、体温等生理指标的测量，以及行走、采食、饮水等行为的识别。除了行为图像外，动物的叫声也可反映动物情绪状态、生理健康等信息，因此，畜禽生理监测中还可以通过构建声音监测系统，来实现动物疾病诊断、情绪状态识别、行为监测、进食监测、成长率监测等。但因畜禽活体特征复杂多变，亟需研究开发精准、智能、无损的新型生理信息感知技术。

2.3.1.3　农业遥感技术

遥感技术是指从人造卫星、飞机或其他飞行器上通过相机、无线电、光谱等方式远距离探测地面和资源的技术。遥感技术具有大尺度监测、信息量大、获取信息快等特点，是农业生产中对于大面积区域感知监测的重要技术手段，在农业资源监测、作物产量预测、灾害程度评估中发挥着不可替代的重要作用。近年来，农业遥感技术在作物长势监测、灾害监测、作物产量估测等方面取得了显著进展。

(1) 遥感长势监测

作物长势参数是农业生产过程中的重要评价指标，对于水肥施用、病虫害防控、灾害预警等具有重要的指导意义。作物长势参数主要包括作物叶绿素含量、作物叶面积指数、作物氮素含量等。

①作物叶绿素遥感监测　叶绿素遥感监测技术主要通过建立植被指数或光谱参量

与叶绿素含量的统计映射关系模型来实现。其中，归一化植被指数（normalized difference vegetation index，NDVI）是叶绿素遥感监测中最常用的指数。但不同生育时期叶绿素敏感波段有差异，单一植被指数在作物的不同生育时期也并不完全适用。

②作物叶面积指数（leaf area index，LAI）遥感监测　是当前作物遥感监测的热点。目前，作物 LAI 遥感监测不再局限于小麦、玉米、水稻等粮食作物，也逐渐扩展到甘蔗、棉花、油菜等经济作物。作物 LAI 遥感监测方法也可以用来监测农作物的生物量。

③作物氮素含量遥感监测　是农业生产管理中的重点与难点。研究人员建立的玉米氮营养指数（NNI）的回归预测模型实现了较高精度的预测，也有研究人员利用叶绿素含量估算水稻氮素状态，并开发出基于叶绿素估算水稻氮素系统。

（2）遥感灾害监测

遥感技术在农业灾害监测方面已有了广泛的研究，可快速准确地评估作物灾害的发生状况与程度，目前已进入实际应用阶段。在干旱灾害监测评估方面，研究人员提出了 100 多个基于降水、蒸发蒸腾和土壤湿度修改的多变量标准化干旱指数。随着农业干旱灾害遥感监测技术的不断发展，遥感数据源分辨率的提高和数据更新周期的缩短以及多元遥感数据的融合，干旱灾害监测的准确性与时效性得到显著提升。在病虫害遥感监测方面，不同病虫害对作物叶绿素、水分含量和形态结构等的影响不同，因此可以通过不同的波段组合检测不同病虫害情况。目前国内外学者已经筛选出小麦锈病、小麦白粉病、棉花蚜虫、棉花黄萎病、稻纵卷叶螟、大豆胞囊线虫等病虫害类型的光谱敏感波段以及识别模型。

2.3.2　传输层技术

物联网传输层的主要功能是将感知层获取的数据进行传输和汇集，汇集后的数据再采用应用层的软件系统进行挖掘处理，从而实现万物互联互通。物联网传输层研究和解决的问题主要是信息的高效可靠传递、设备间的传输协作控制等，传输层是物联网中信息与数据的传输支撑通道。

农业物联网按照传输介质的不同可直观分为有线传输和无线传输两种方式。常见的有线传输方式有 RS-485、RS-232、CAN 总线等通信方式，无线传输包括 GSM/GPRS、3G/4G/5G、NB-IoT 等长距离通信方式及基于蓝牙、Wi-Fi、ZigBee、LoRa 等的短距离通信方式。农业生产环境区域广阔，智能感知监测点地处偏远、分散，且农业生产环境条件恶劣（如大规模农田环境信息监测、动物体征信息监测等），这些因素使得有线通信方式难以适用于农业智能感知，而无线通信方式因其具有不需布线、组网灵活方便、适应性强、成本低等特点，十分适用于农业生产。无线网络在传输可靠性、能耗性能和通信带宽等方面与有线传输相比具有一定的劣势，因此需要针对农业领域不同的应用场景与感知对象，选择合适的传感器网络组织结构与通信协议方法，以实现长期、稳定、高效的数据感知与传输。

随着现代通信技术的发展，越来越多的新型关键通信技术和组网模式应用到农业物联网场景中，并逐步在通信带宽、通信速率、组网效率上实现突破。由于农业应用中存在成本、能耗、布设环境、系统效用等诸多限制因素，导致农业无线传感网络无法采用性能最优传输方式（如高带宽、大数据通量、低时延等），因此，如何针对农业领域的应用、环境特点，在性能、成本、能耗等方面有针对性地研究农业传感网络优化问题，实现传感网络资源的最优配置，提高农业传感网络的智能化、网络化程度是目前研究的热点。

2.3.2.1 农业物联网有线传输技术

现场总线技术是从工业控制领域发展起来的一种技术，主要解决工厂中仪表、控制器、执行机构等设备间的信息传递问题，所以现场总线既是通信网络又是控制网络。

(1) RS-232

RS-232 最初是 PC 上的通信接口之一。RS-232-C 标准规定的数据传输速率为 50、75、100、150、300、600、1200、2400、4800、9600、19 200、38 400bps。RS-232 的最大优势在于接口简单，控制系统的 RS-232 接口一般只使用 RXD、TXD、GND 三条线，其传输速率也足以满足大多数数值型传感器的传输需求。其不足之处在于传输距离有限、抗干扰能力弱、只能点对点通信无法组网等，限制了该技术在复杂场景下的应用。

(2) RS-485

针对 RS-232 抗干扰能力弱、无法组网等不足，研究人员提出了 RS-485 总线技术，其接口信号电平比 RS-232 低，不易损坏接口电路的芯片，采用平衡驱动器和差分接收器的组合，抗噪声干扰性好。RS-485 可以实现组网通信，一般支持 32 个节点，最大可支持 400 个节点。

2.3.2.2 农业物联网无线局域网传输技术

农业物联网无线局域网传输技术主要包括 Wi-Fi 技术、ZigBee 技术和蓝牙（bluetooh）技术。

(1) Wi-Fi 技术

Wi-Fi 技术的优势是技术成熟，单独的产品就可以接入公网，成本也相对较低。其缺点是 Wi-Fi 设备一般功耗较大，在物联网领域中，供电是一个问题；另外，Wi-Fi 接入数量相对有限，一个普通路由器一般只能接入几十个设备；当然，Wi-Fi 方案在物联网初级阶段有较大优势，单独的 Wi-Fi 模块依托路由器即可入网，优势明显，虽然接入数量不多，但在农业物联网未大规模普及的情况下也可以满足大多数需求。因此，Wi-Fi 方案更适用于高带宽、对功耗要求不高、不会大量部署的农业物联网产品，如监测摄像头、光谱仪及其他一些高通量监测设备。

(2) ZigBee 技术

ZigBee 网络中的设备可分为协调器（coordinator）、汇聚节点（router）、传感器节点（EndDevice）三种角色。每个网络端口最多可以接入 6.5 万余个端口，适用于农业物联网领域。ZigBee 技术采用动态、自组织架构，具有近距离、低复杂度、自组织、低功耗、高数据速率的特点，十分适用于无基础网络条件下规模化组网，在自动控制领域有其独特的优势。

(3) 蓝牙(bluetooh)技术

蓝牙技术是一种低成本近距离网络通信协议，其主要应用场景是便携移动设备连接和语音通信场景。蓝牙通信速率1Mbps，功耗介于ZigBee和Wi-Fi之间，其最大的障碍在于传输范围受限，一般有效范围在10m左右，抗干扰能力不强、信息安全问题等问题也是制约其进一步发展和大规模应用的主要因素。近年来，低功耗蓝牙技术(bluetooh low energy，BLE)的出现降低了功耗、扩大了传输距离，使其在物联网应用中有了更多发挥。

2.3.2.3 农业物联网无线广域网传输技术

(1) 5G通信技术

5G通信技术通过对其体系构架上的改进，实现了系统性能的大幅提高。同4G通信技术相比，5G通信技术的数据流量增长1000倍，联网设备数目扩大100倍，峰值速率达10Gb/s以上，用户可获得速率达10Mb/s，具有延时短、可靠性高、频谱利用率高和网络耗能低等特性。5G通信技术为现代农业大容量数据的实时获取和场景建模提供了信息传输保障，为未来机器换人和农业生产智能化管理提供了技术保障。5G通信技术依托的关键技术主要包括大规模天线、新型多址接入、超密集组网、全频谱接入、新型多载波、先进调制编码、频谱共享技术等。

①大规模天线技术(Massive Multi-Input Multi-Output，M-MIMO) 是5G通信技术最重要的关键技术之一，通过MIMO技术的应用，能够实现网络容量和峰值速率的成倍增长，为传输能耗的减少与传输时延的降低提供了有效途径。

②新型多址接入技术 多址接入技术作为划分移动通信代际的标志性技术，其对网络通信有着十分重要的意义，2G通信技术采用的是时分多址(TDMA)，3G通信技术采用的是码分多址(CDMA)，4G通信技术采用的正交频分多址(OFDMA)技术。不同于以往的一种多址接入技术，5G通信技术中的新型多址接入技术竞争异常激烈，例如，稀疏码多址技术(SCMA)、图样分割的多址接入技术(PDMA)、非正交多址接入技术(NOMA)、多用户共享接入技术(MUSA)等，分别有其不同的优势，可适用于不同的场景。

③超密集组网技术 通过更加"密集"的无线基站部署，满足热点地区大量设备的同时接入，可以将热点区域的网络容量提升百倍以上，技术难点在密集基站间的高效频率复用。

④全频谱接入技术 频谱资源是移动网络通信中的基础与稀缺性资源，全频谱技术指的是同时复用6GHz以下和6GHz以上的高频频段进行通信，使得5G通信技术可以采用高低频混合组网方式，充分挖掘频谱资源。全频谱接入的技术难度主要在于高频通信接入方面。

⑤新型多载波技术 多载波技术已在4G网络系统中广泛使用，5G通信技术需要新型的多载波技术以应对更为多样化的业务类型，实现高并发连接与高频谱效率。新

型多载波技术类型包括 F-OFDM、UFMC 和 FBMC 技术等。

⑥调制编码技术　为适应 5G 通信技术中多场景下的性能指标差异，主要的调制编码技术包括链路级调制编码、链路自适应和网络编码三大类。其中以我国华为等公司主推的极化码（ploar code）方案，成功成为 5G 通信技术控制信道的编码方案。

5G 通信技术的关键在于可以实现农机的作业状态传感器超低延时接入，以及动植物视频、光谱等大容量数据的高带宽传输，实现了农业生产环境下的全息在线感知。

(2) 低功耗广域网技术

为了满足海量碎片化、低成本、低速率、低功耗、广覆盖的物联网应用，国内通信厂商研发出低功耗广域网（low-power wide-area network，LPWA）技术。LPWA 又可分为授权频谱和非授权频谱两类，代表性技术分别是 LoRa 技术和 NB-IoT 技术。

LoRa 技术是由美国 Semech 公司发布的一种专用于无线电调制解调的技术，在同样的功耗条件下比其他无线方式传播的距离更远，与传统 ZigBee 技术相比，其信息传输能力与稳定性大幅提升，具有传输距离远、功耗低、成本低等优势，适用于传输少量数据的应用场景。

NB-IoT 技术是一种专为物联网设计的窄带射频技术，因功耗低、连接稳定、成本低、架构优化出色等优势而受到青睐。NB-IoT 网络由终端、基站、核心网、机器之间（machine-to-machine，M2M）平台及运营支撑系统等组成。NB-IoT 简化了信令，具有与传统的集成移动解决方案（integrated mobile solution，IMS）/演进式分组核心网（evolved packet core，EPC）不同的核心网控制设备。NB-IoT 技术有效解决了农田信息远程传输成本高、能耗大等问题，是农业物联网信息传输的重要手段。

2.3.2.4　农业物联网传输协议

(1) Modbus 协议

Modbus 协议是一种在农业物联网系统中普遍应用的串行通信协议。Modbus 协议规定了控制器相互之间、控制器与其他设备之间的消息交换方式与内容格式。Modbus 协议是一种主从架构协议，每次通信中仅有一个主节点，其他节点均为从节点，每一个从节点都有一个唯一的标识地址，只有主节点可以发起读写操作命令。主设备可单独和从设备通信，也能以广播方式和所有从设备通信。如果单独通信，从设备返回应答消息作为回应；如果是以广播方式查询的，则不作任何回应。从设备的应答消息也需符合 Modbus 协议格式规范。如果在消息收发过程中发生错误，或从设备无法执行主设备发出的指令，从设备则会将报错消息作为应答消息发送。

(2) PROFIBUS 协议

PROFIBUS（process fieldbus）是一种开放的、不依赖于设备生产商的现场总线协议，由以下三个兼容部分组成。

①PROFIBUS-DP　用于传感器和执行器级的高速数据传输，它以 DIN19245 的第一部分为基础，根据其所需要达到的目标对通信功能加以扩充，DP 的传输速率可达

12Mbit/s，一般构成单主站系统，主站、从站间采用循环数据传输方式工作。

②PROFIBUS-PA 具有本质安全特性，它实现了 IEC61158-2 规定的通信规程，是将 PROFIBUS 过程自动化的升级方案，PA 将自动化控制系统与压力、温度和液位等感知设备连接起来，提高了数据采集与反馈控制效率。因此，该改进版本尤其适用于石油、化工、冶金等行业的过程自动化控制系统。

③PROFIBUS-FMS 提供大量的通信服务，以中等传输速率实现循环和非循环的通信任务。因其是完成控制器和智能现场设备之间的通信以及控制器之间的信息交换，它考虑的主要是系统的功能而非系统响应时间，应用过程通常要求的是随机的信息交换（如改变设定参数等）。它可应用于大范围的复杂通信系统。

(3) MQTT 协议

机器之间（M2M）的大规模沟通需要不同的模式，传统的请求/回答（request/response）模式因消耗了大量网络资源，已不再适用于大规模组网，取而代之的是发布/订阅（publish/subscribe）模式，与之对应的就是轻量级、可扩展的 MQTT（message queuing telemetry transport）协议。

MQTT 是基于二进制消息的发布/订阅编程模式的消息协议，最早由 IBM 提出，如今已经成为结构化信息标准促进组织（organization for the advanced of structured information standards，OASIS）规范。它工作在 TCP/IP 协议上，由于规范很简单，非常适用于需要低功耗和网络带宽有限的 IoT 场景。与请求/回答这种同步模式不同，发布/订阅模式解耦了发布消息的客户（发布者）与订阅消息的客户（订阅者）之间的关系，这意味着发布者和订阅者之间并不需要建立直接联系。例如，打电话给朋友时要一直等到朋友接电话了才能够开始交流，这是一个典型的同步请求/回答的场景；而给一个邮件列表好友发电子邮件则不同，这是一个典型的异步发布/订阅的场景。

MQTT 是通过主题对消息进行分类的，本质上就是一个 UTF-8 的字符串，不过可以通过反斜杠表示多个层级关系。主题并不需要创建，可直接使用，主题还可以通过通配符进行过滤。

2.3.3 应用层技术

物联网应用层通过感知层、传输层获得所需的数据，利用经过分析处理的感知数据，为用户提供各种智能化服务。常见的农业物联网应用层整合智能感知技术、信息传输技术和智能处理技术，对农事活动中的各个环节进行实时监测和远程调控，促进农业生产、经营管理、战略决策的智能信息化，实现农业生产的高效化、集约化、规模化和标准化。

2.3.3.1 农业预测预警技术

农业预测预警技术是以农业物联网收集到的海量数据和作物资料为依据，通过建立数学模型，对农业研究对象未来发展的可能性进行科学预测和评估，根据具体情况做出解读评价。

农业预测预警是调节控制生态环境的前提和基础，而实现农业预测预警就是农业信息智能处理的重要应用。农业设施温湿度预测预警作为智慧农业的具体应用之一，是在物联网感知、传输层采集现场环境数据的基础上，采用数学和相关统计学方法对设施内温湿度在一定时间内可能的变化趋势进行推测和估计，并对不适宜的环境状态进行预警。在对温室大棚环境预警的研究中，常用的算法包括支持向量机、决策树、神经网络、密度聚类等，实现对环境参数的预警分类，从而使温室大棚环境更适宜作物生长。

2.3.3.2 农业生产决策技术

(1) 种植生产决策技术

种植生产决策技术可以解决传统种植经营中存在的管理凭经验、人力投入高、效益不高等问题，实现种植生产全程标准化、精准化管理，提高种植产品产量、品质和生产效率。

种植生产决策汇集物联网感知数据，获取大田作物、园艺作物等的栽培环境信息、生长信息、病虫害信息等，用以实现作物生长环境的精准调控、水肥智能供应。同时，可以进行农情监测、模式推荐、农业科技、生产管理、特色农产品展销等农场管理服务。

(2) 养殖生产决策技术

养殖生产决策技术可以解决传统生产经营中存在的粗放管理漏洞及效益损失问题，实现养殖生产全程智能化管理，提高养殖产品品质和生产效率。

以奶牛养殖为例，养殖生产决策汇集物联网感知数据，获取奶牛生长各环节的环境信息、生理信息、图像行为信息等，用以实现奶牛发情、疾病等行为识别，以及奶牛精准饲喂决策等。不仅能够优化奶牛繁育与投入产出效益，还可以构建科学精细的养殖管理模式，为奶牛养殖产业的智能化转型升级提供助力。

2.4 专家系统

农业生产环节繁多，生产管理决策涉及育种、栽培、植保、土壤、水肥等多个学科，研究建立农业专家系统是实现跨学科精准决策管理，提升农业生产经营科学化水平的重要手段。在智慧农业时代，专家系统作为数据分析决策的载体，是串联农业感知与生产作业的重要环节，是智慧农业技术体系的核心部分。本节首先介绍专家系统发展来源，再从专家系统模型结构角度进行详细介绍，并以作物生产决策、病害诊断和基于知识图谱的农业智能问答系统为实例介绍专家系统在智慧农业生产中的应用。

2.4.1 专家系统的产生

专家系统(expert system，ES)是人工智能技术的一个重要分支与应用表现形式，专家系统在各个产业领域都取得了较好的成果，特别是农业领域。农业专家系统相当于智慧农业系统的"大脑"，农业生产现场的各类信息由传感器等"感知末梢"收集，通过物联网的"神经系统"回传,由专家系统"大脑"进行分析处理,得出的决策指令经"神经系统"下发至灌溉、通风、喷药等"执行终端",完成整个信息循环。由于农业生产对象、地域、气候等差异,需要研发适用于不同生产条件的农业专家系统,涉及农作物生产管理、畜禽饲养、森林保护、市场管理和农业经济分析等多个领域。

专家系统的体系结构包括知识库、推理机和工作存储器三部分。知识库用来存储农业领域专家知识,知识库中的知识规则质量影响农业专家系统的决策准确性与效率。工作存储器通过存储相关问题事实建立起短期存储的模型。推理机包括推理和决策控制两个层面,利用知识库中的知识规则以演绎推理的方式从已有事实中推出结论。

2.4.2 农业专家系统

农业专家系统通过整合知识库中大量的农业知识经验规则,利用计算机程序模拟专家解决问题的逻辑和推理过程,为农业生产中的复杂问题提供相关决策依据。农业专家系统可以像农业专家一样来解决农业生产者的各种问题,随时为农业生产者提供各种建议和指导,使农业生产者可以进行更为有效的农业生产。同时,农业专家系统可以执行常规性的日常任务,并减少解决农业生产问题的时间,这样可以将农业领域专家从繁重的工作中解脱出来,以便进行更为重要的问题的研究。农业专家系统按其推理方法的不同可分为启发式专家系统、实时控制专家系统、基于模型的专家系统、专家数据库系统等。

2.4.2.1 作物生产决策系统

作物生产具有分散性、区域性、时变性、经验性、稳定性和可控制程度低等特征,作物生产决策系统通过对信息采集、分析和处理,克服了农业生产管理中的差异性与经验依赖性,为农业智能生产决策提供有力的技术支持。最早的作物生产决策系统是20世纪60~70年代发展起来的决策支持系统(decision support system,DSS),根据农业生产系统的自组织特征,日益复杂的作物生产信息处理需要现代信息技术的支持,作物决策支持系统成为信息时代指导作物生产的重要技术手段。

作物生产具有复合性、复杂性和开放性等特点,作物生产管理过程中,需要综合外界环境(天气、土壤等)与作物生长发育规律建立作物模拟模型,在综合量化作物生长发育过程及其与环境和技术关系的基础上,建立作物生长决策模型,实现对作物生长主要机理过程的解释和量化,构建集适应性广、机理性强、预测性好于一体的作物生产力预测模型。

针对作物生产时空性、动态性,易受气候、土壤和社会经济投入等综合因素影响等特点,作物生产决策系统支持综合应用农学、生态学、空间信息技术、环境科学、统计学及计算机科学等理论方法,通过对气象、土壤、品种、种植、经济及地图等农业基础数据进行分析与特征挖掘,建立包含空间数据和属性数据的农业决策支持数据库。作物生产决策系统的功能主要是模型预测、推理决策、数据挖掘与知识表达等,系统具有综合性、智能化、通用性、网络化、标准化的特点,能对不同环境条件下的作物生长状况做出实时预测并提供优化管理决策，实现作物生产的高产、优质、高效、安全和持续发展。

2.4.2.2 作物病虫害诊断专家系统

专家系统在作物病虫害诊断领域已得到广泛应用。随着物联网技术发展，结合传感器采集数据、作物生育数据、图像数据进行作物病虫害诊断的专家系统也越来越受到基层农技人员的青睐。病虫害诊断系统的构建需要大量且描述准确的诊断知识。系统诊断知识主要来源于植保专家、植保专业技术人员对知识和各种资料进行特征提取，将其标准化。农作物病虫害的诊断主要从农作物组织层、表观层、周围环境层和农作物整体描述层四个方面进行分析。作物病虫害知识表示是为描述病虫害所做的一组约定，是知识的符号化、形式化、模型化表达。任意知识单元或事实可运用"对象-属性-值"三元组法来描述，结合产生式规则对知识进行知识表示。

作物病虫害诊断问题具有特殊的复杂性和模糊性。事实的模糊性，如病斑颜色深浅、病斑大小、病害发生程度等；获取事实的准确程度，如环境温湿度、土壤水分含量等；专家知识的模糊性，如根据发病部位、形状大小、颜色、味道、表观等推理出病害；推理结论或动作的模糊性。

基于图像识别是作物病虫害诊断的一种主要方法。病虫害图像特征提取方法及主要步骤包括：根据病斑图像形状提取形状面积特征，运用RGB色彩空间分析病斑颜色，提取病斑部位颜色分量均值进而得出病斑颜色特征向量；根据作物纹理粗细程度不同，提取高频或低频分量，得到病虫害图像的纹理特征，综合支持向量机、神经网络与多特征学习等方法对病斑颜色、纹理、形态特征进行融合处理，将识别目标的特征与病虫害图像库中的特征进行相似度对比，即可实现病虫害的智能识别。双编码遗传算法与特征归一化等方法也用于病虫害识别模型中，通过数据特征降维减少计算复杂度，提高识别效率。

2.4.2.3 基于知识图谱的农业智能问答专家系统

(1) 知识图谱概述

知识图谱（knowledge graph），又称为知识域可视化或知识领域映射地图，是显示不同主体及其相互之间连接关系的各种图形数据结构，并通过图谱这样一种更加可视化的技术对知识资源进行挖掘分析以及相互关系绘制。知识图谱本质上是一种揭示实体之间关系的语义网络，是一个存储知识实体与实体之间关系的结构化网络，可以帮助形式化描述、理解现实世界的事物及其相互关系。

我国农业整体上仍处于半机械化、分散式作业阶段，农业数据、大量资源存在分散、利用率低、浪费严重的现象，并且存储在结构化、半结构化或者非结构化的数据格式之中，所以农业数据很难组成一个相互关联的整体模式，从而导致务农人员以及农业研究从业者们不能轻易有效地获取直观的信息。知识图谱的出现则可以解决以上问题。知识图谱可以将这些离散的农业数据资料关联起来，形成一个可视化的语义网络。通过建立知识图谱，复杂的农业信息数据将直观地展现给务农人员、农业研究从业者和相关决策者。

(2)知识图谱架构

知识图谱架构主要分为自身逻辑结构和体系架构两种。

①自身逻辑结构　知识图谱在逻辑结构上可分为模式层与数据层两个层次,数据层主要由一系列的事实组成,而知识将以事实为单位进行存储。如果用"实体1,关系,实体2""实体,属性,属性值"这样的三元组来表达事实,可选择图数据库作为存储介质。模式层构建在数据层之上,主要是通过本体库来规范数据层的一系列事实表达。本体是结构化知识库的概念模板,通过本体库而形成的知识库不仅层次结构较强,冗余程度也较小。

②体系架构　知识图谱体系架构如图2-6所示,其中大框内的部分为知识图谱的构建过程,该过程需要随着人的认知能力不断更新迭代。知识图谱主要有自顶向下(top-down)与自底向上(bottom-up)两种构建方式。自顶向下是指先为知识图谱定义好本体与数据模式,再将实体加入知识库中,该构建方式需要利用一些现有结构化知识库作为其基础知识库。自底向上是指从一些开放链接数据中提取出实体,选择其中置信度较高的加入知识库中,再构建顶层的本体模式。

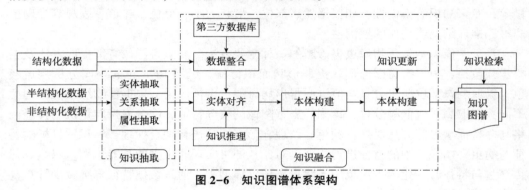

图2-6　知识图谱体系架构

(3)知识图谱关键技术

大规模知识库的构建与应用需要多种智能信息处理技术(如知识抽取、知识融合、知识推理等)的支持。知识抽取技术可以从半结构化、非结构化的数据中提取出实体、关系、属性等知识要素,挖掘隐含的知识,从而丰富、扩展知识库。知识融合是指在知识抽取的基础上,进一步消除实体、关系、属性等指称项与事实对象之间的歧义,形成高质量的知识库。知识推理则是指基于知识库规则和实时数据,对目标问题进行推理决策的过程。分布式的知识表示形成的综合向量对知识库的构建、推理、融合以及应用均具有重要的意义。

农业生产的主体与对象具有多样性和变异性,加之我国幅员辽阔,复杂多样的地理条件和迥异的区域气候对农业生产的影响,导致了农业数据本身具有关系复杂、增长率高等特征。传统的关系型数据库难以实现农业知识数据存储与高效检索,知识图谱三元组的图数据库方式对于农业知识复杂关联数据有着较高的存储与检索效率,十分适用于农业智能问答专家系统。

目前基于知识图谱的农业智能问答专家系统已经成为研究的热点。其研究内容主要包括命名实体识别、知识图谱构建和问答专家系统研发。其中构建农技知识图谱是农业智能问答专家系统中的核心环节,通过采集海量的农技问答数据,形成农技知识库,并将知识库导入图数据库,形成农技问答知识图谱库,为农民提供农事解决方案时使用评价指数来实现关联知识答案的快速检索。

(4)基于知识图谱的农业智能问答专家系统

农业知识图谱的构建与维护是从农技人员和其他农业从业人员的实际知识需求出发,以一种或多种形式和不同方式组成的农业知识集合、农业相关技术资料、文献库及农业相关经验总结和实施案例等。农业知识图谱构建流程如图2-7所示。

农业生产知识图谱构建主要解决海量农业非结构化、半结构化数据的关系抽取问题,根据农业领域的数据与场景特点,农业知识图谱研究主要针对以下几类特异性问题:采用基于机器学习的插值、回归、聚类方法解决数据噪声、缺失问题;采用语义抽取与理解方法提取非结构化数据语义特征,实现关联整合;采用迁移学习算法解决农业部分细分领域数据量失衡的问题。

农业知识图谱的建立,将农业科研人员的研究成果、知识信息、处理农业问题的经验

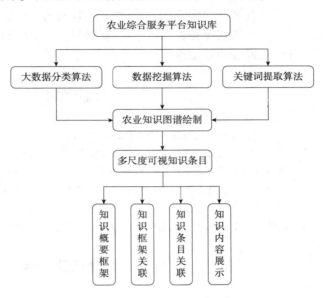

图2-7 农业知识图谱构建流程

进行整理、归纳,并通过语义的关联,以更加简洁的方式帮助农务人员获取想要的知识。智能问答专家系统作为进一步提升的搜索系统,可以更加快速地帮助农务人员获取信息。搜索关键字仅仅是将关键字相关的所有信息列举出来,想要获取答案还需要用户自行筛选,智能问答专家系统则可以通过机器对用户提出问题的自然语言进行关键字分类,最终做出一条精确的答案。智能问答系统可以采用多种用户交互方式,其中农业语音问答机器人是技术产品发展的一种方向,语音交互是人类最自然的交互方式,减少文字输入的复杂过程,使农业生产人员可以在接受农技问答指导的同时进行实际操作,提高便利性与交互性。

智能问答专家系统以问答形式,精确地定位用户提问的语义需求,通过对知识图谱内容与规则的检索查询,为用户提供精准化信息服务。智能问答专家系统主要由数据库搭建、问题分析和答案获取三部分组成。先是输入自然语言,经过问题分析和答案获取最终得到结果。智能问答专家系统中涉及的主要功能环节有问题预处理、问题分类、模板匹配和答案查询。

①问题预处理 是对交互界面中用户输入的自然语言问题进行处理,包括分词、

词性标注、去停用词和实体识别。

②问题分类　是依据数据获取与处理阶段划分的问题类别，利用文本自动分类技术，将处理好的用户提问划分到相应类别中去，这能有效减少候选答案的空间，提高系统返回正确答案的概率。问题模板根据问句类别中的常见问题设计，其作用是将用户提问映射为相应的数据库查询语言。

③模板匹配　是通过相似度算法计算用户提问与预先准备好的问句模板之间的相似度值，当相似度值超过某一阈值时则认为匹配成功；当出现多个模板相似度值超过阈值时则使用相似度值最高的模板。

④答案查询　模板匹配完毕后，根据识别出的实体名及关系类型，理解问题语义，在构建好的农业知识图谱中查询相对应的实体或属性，将查询结果生成符合对话逻辑且语法通顺的答案返回给用户。

思考题

1. 什么是农业物联网系统？有哪些典型应用？
2. 简述计算机视觉技术在智慧农业中的应用特点。
3. 简述农业专家决策系统的结构与功能。
4. 作物病虫害诊断系统主要使用哪些计算机技术与人工智能技术？其原理是什么？
5. 简述智慧农业系统主要涉及的技术及其相互的关系。
6. 试述如何构建农业知识图谱系统以及农业知识图谱研究的难点。

推荐阅读书目

1. 中国人工智能系列研究报告：智能农业 2020. 赵春江等. 中国科学技术出版社，2021.
2. 物联网技术与应用——智慧农业项目实训指导. 马洪凯，白儒春. 冶金工业出版社，2021.
3. 农业 4.0——即将来临的智能农业时代. 李道亮. 机械工业出版社，2018.
4. 中国智能农业发展报告. 赵春江. 中国科学技术出版社，2017.

第 3 章 智慧种植系统

种植业是农业的重要组成部分,其生产水平对人们日常生活和经济社会发展有重要影响。传统的种植业往往依靠种植者个人经验,生产过程缺乏科学的生产管理标准,且受地理条件、气候变化等因素制约,传统种植业逐渐呈现衰退的趋势。集约化、数字化、信息化已成为我国种植业发展的重要方向,其主要目的是运用高效信息技术和现代化管理手段来实现智慧种植,提高种植水平与经营效率。智慧种植系统主要利用农业物联网技术,配置高精度信息采集与传输系统及智能云端系统,远程在线采集土壤环境、气象环境、作物生长等信息参数,实现自动预报、智能决策和远程自动管理等功能,最终达到精耕细作、科学生产、降低人力和提高生产质量的目的。

3.1 智慧种植系统架构

智慧种植系统的总体架构由数据采集、数据传输、系统数据管理后台和终端交互四部分构成。数据采集主要是指各类传感器的数据采集、各种设备及状态的信息感知;数据传输主要包括近程通信和远程通信,又可分为有线通信和无线通信;系统数据管理后台主要负责所有前端产生数据的存储和处理,并做出相应的决策;终端交互主要是指用户访问智慧种植系统的途径。根据种植场景不同,智慧种植系统可分为智慧大田种植系统和智慧设施种植系统。

3.1.1 智慧大田种植系统

3.1.1.1 智慧大田种植系统的定义与构成

智慧大田种植系统是现代信息技术及物联网技术在产前农田资源管理、产中农情监测和精细农业作业、产后农机指挥调度等方面的具体应用,通过采集实时信息,及时对大田种植过程进行管控,建立优质、高产、高效的农业生产管理模式。

智慧大田种植系统主要包括以土地利用现状数据库为基础、应用"3S"技术快速准确掌握大田利用现状和变化情况的农田保护管理信息系统;采集、传输、分析和处理大田各类气象参数的大田气象监测系统;采用专家系统技术和"3S"技术,结合智能水肥灌溉技术,实时监测生产过程的环境参数和作物水肥需求量,根据作物需水需肥规律、土壤供肥性能和水分养分效应,进行农情预测预警和农艺远程控制;运用农业无人机、农业机器人等智能化装备，搭配遥感技术、区块链技术等操作手段，实现种植、采收信息的准确把控和采收过程的农机调度；基于物联网技术开发的追溯管理系统，可通过 RFID 技术、智能识别码等技术手段实现农产品生产全过程追溯，保障生态环境安全、农资安全和农产品安全。

3.1.1.2 智慧大田种植系统物联网架构

智慧大田种植系统包括智能感知平台、无线传输平台、运维管理平台和应用平台，这四个平台的功能既相互独立又相互衔接；其物联网架构有感知层、传输层、基础层、应用层四个层次，如图 3-1 所示。

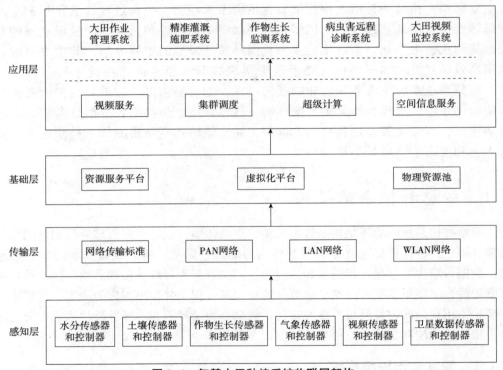

图 3-1 智慧大田种植系统物联网架构

（1）智能感知平台

智能感知平台对应智慧大田种植系统物联网架构中的感知层，是智慧大田种植物联网系统的基层平台和第一链条。主要由水分、土壤、作物生长、气象、视频、卫星数据传感器和控制器等组成，可以动态监测对作物生长发育所需的土壤条件和气象参数等，也可以对各种设备的运行状态进行感知和监测，及时发现设备运行过程中出现的问题，有针对性采取相应的控制操作。

（2）无线传输平台

无线传输平台对应智慧大田种植系统物联网架构中的传输层，主要实现大田作物种植信息的传输。作为智慧大田种植物联网系统的第二链条，无线传输平台与智能感知平台紧密相关。在大田种植中，主要采用两类传输方式：一是 GPRS、CDMA、3G/4G 等通信技术，这些移动通信载体具有不需布线、易布置和便于在流动情况下工作的特点，主要应用于不利于布线布网的大田农作物种植场合；二是 WLAN 无线网络，具有以太网、带宽的优点，且属于区域内的无线网络，具备 GPRS、CDMA、TD 等网络的部分无线功能，这是智慧大田种植系统中无线传输平台发展的方向之一。

(3) 运维管理平台

运维管理平台对应智慧大田种植系统物联网架构中的基础层。作为整个系统平台的第三链条，运维管理平台通过整合无线传输平台传递的作物与环境信息及对信息的处理来开展平台管理、调度、指挥等各项工作。例如，在处理旱情信息时，可基于旱情预报反映的信息，通过该平台远程指导灌溉流量、灌溉频率、灌溉次数等作业内容。另外，大田种植业管理涉及灌溉、施肥、植保等多方面内容，运用智能化管理平台可为种植提供科学、精准、高效的管理策略。

(4) 应用平台

应用平台对应智慧大田种植系统物联网架构中的应用层。作为整个系统平台的第四链条，应用平台是一个终端平台，与运维管理平台紧密相连。该平台主要由网络技术应用平台、网络应用主体平台和应用系统三部分组成。网络技术应用平台主要包括手机短信、彩信、微信、WAP 平台和互联网等，信息终端可以远程处理监测信息和预警信息等，给农户、农机服务人员、灌溉调度人员等不同用户提供基于互联网和移动互联网的访问方式。网络应用主体平台主要包括政府部门（农业、水利、气象等）、农业龙头企业、农民合作社和农户等不同用户群体。应用系统主要包括大田作业管理系统、精准灌溉施肥系统、作物生长监测系统、病虫害远程诊断系统和大田视频监控系统等，能够对作物实时远程操作控制，为大田种植提供智能化、自动化管理的作业模式。

3.1.1.3 智慧大田种植系统关键技术

(1) 墒情综合监测技术

利用传感技术实时监测土壤水分、土壤温度、地下水位、地下水质、作物长势、农田气象等信息，并汇聚到信息服务中心，信息中心对各种信息进行分析处理，提供预测预警信息服务。根据监测参数的集中程度，可分为单一功能的农田墒情监测站、农田小气候监测站、水文水质监测站和农田生态环境综合监测站。监测站宜采用低功耗、一体化设计，具有良好的农田环境耐受性和一定的防盗性。

(2) 智能管控用水技术

信息采集和分析加工是实现智能管控用水的基础，需要对土壤墒情、作物长势、气象、水情、工情和控制设施的运行工况等方面信息进行全面立体感知。智能管控用水决策支持技术是根据灌区的土壤墒情、作物需水量、气象预报等信息，以及灌溉水源和渠系、控制建筑物、蓄水装置等硬件设施的状况和特征，利用大数据分析等智能决策，输出灌溉优化配水方案和渠系及其控制设施的优化运行方案。决策管理支持系统是智慧灌区的核心，需要各种相关信息及模型技术的集成应用。

(3) 测土配方施肥技术

以"3S"技术和专家系统技术为核心，以土壤测试和肥料田间试验为基础，以养分归还学说、最小养分律、不可替代律和因子综合作用律等为依据，结合作物生长需肥规律、土壤供肥能力和肥料效应，在科学施用有机肥的同时，提出氮、磷、钾及中、微量元素等肥料的施用量、施用时期和施用方法。借助地理信息系统综合服务平台、虚拟现实与可视化技术等，基于建立的肥料数据库与施肥模型库，为指导农业生产者科学施肥提供决策依据。

(4) 精细作业技术

精细作业技术是指集成现代电子信息技术、作物栽培管理决策技术和农业工程装备技术等，用于农业生产的精细操作，其技术核心包括数据采集与信息传输平台的搭建、信息处理系统的构建和变量作业系统的执行。

通常采用"3S"技术、传感器技术和农田产量图生成技术的组合应用以搭建数据采集与信息传输平台。

在信息处理系统中，基于计算机数据库信息，搭配运用地理信息系统、作物生长模型及决策支持系统，对获取的信息进行综合处理并给出决策结果，并将该结果反馈至变量作业系统。

变量作业系统的核心技术主要包括变量作业原理及处方图的生成技术、变量施肥播种技术、变量施药技术、变量收获技术和变量精准灌溉技术等。其中，变量作业原理及处方图的生成技术是利用相关控制系统，进行变量施肥作业机具的定位，通过可视化设备实时观察变量施肥作业状态信息、行走轨迹、作业位置等信息；变量施肥播种技术按照土壤养分的分布情况进行配方施肥，实时完成施肥和播种量的调整功能，提高动态作业的可靠性以及田间作业的自动化水平；变量施药技术利用光反射传感器辨别土壤、作物和杂草，利用反射光波的差别，鉴别缺乏营养或感染病虫害的作物而进行变量施药作业；变量收获技术采用收割机产量流量传感计量方法，实时测量田间产量分布信息，统计收获作物总产量；变量精准灌溉技术根据作物需水情况，将水及作物生长所需的养分以适合的流量均匀、准确地直接输送到根部附近土层中，以实现科学节水。

3.1.2 智慧设施种植系统

3.1.2.1 智慧设施种植系统的内涵

设施种植是指通过一定的工程技术手段，局部改善或创造作物生长发育的适宜环境条件，实现作物周年均衡生产的一种集约化农业生产方式。智慧设施种植系统在环境相对可控的条件下，以信息全面感知、可靠传输和智能处理等物联网技术为支撑，以轻简化作业、最优化控制和智能化管理为手段，推动作物高效、低耗、优质、安全、可持续生产，促进种植业增产、增收。智慧设施种植系统通过传感设备实时采集设施内的空气温湿度、CO_2浓度、光照强度、土壤含水量、土壤温湿度等数据,将其传送到服务管理平台。服务管理平台对设施内的实时环境参数进行分析处理后,自动控制设施内的风机、湿帘、遮阳幕、水阀等机电设备,使作物处于最适宜的生长环境;根据智能决策高效科学地进行施肥、灌溉、喷药等作业,减轻劳动强度,提高劳动生产率,节约生产成本,从而提高作物产量、品质和生产效益。

3.1.2.2 智慧设施种植系统物联网架构

智慧设施种植系统物联网架构主要有设施环境和作物生长的智能感知、无线传输、运维管理和应用平台四个环节(图3-2)。

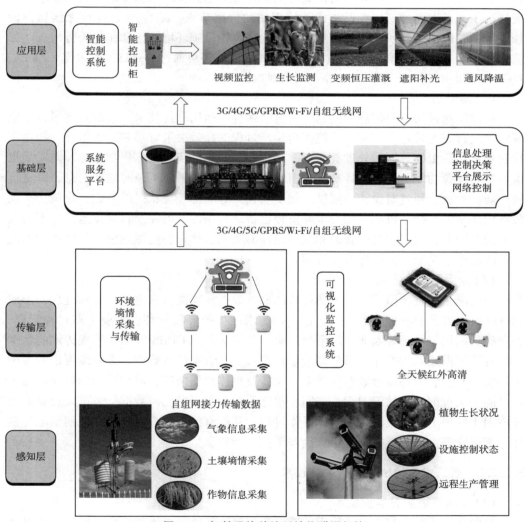

图3-2 智慧设施种植系统物联网架构

· 55 ·

(1) 感知层

智慧设施种植系统的感知层重点是对设施环境因子(温度、光照、水分、气体、土壤性状等)、作物生理信息、生产操作设备和产品追根溯源等环节进行监测,即通过部署大量传感器或射频识别器,运用感测技术或 RFID 技术获得相关生产信息。在智慧设施种植生产过程中,通过水分传感器、pH 传感器、EC 值传感器、温湿度传感器、光照强度传感器、CO_2 浓度传感器、视频图像等采集设施环境参数和茎秆、叶温等生物信息参数,为智能控制提供实时数据信息;并运用 RFID 技术对作物生产过程进行监测,为产品质量安全溯源提供信息。

(2) 传输层

在智慧设施种植系统中,通过无线网络传输技术的应用,可以实现视频图像、数据信息、远程控制等内容高质量传输,满足智慧温室大棚的信息传输及处理要求。一般情况下,可以通过部署在设施内种植现场的传感节点,结合 4G/5G 等无线通信传输技术,获取传感器所采集的信息,实时远程监控设施环境变化和作物长势情况。目前,除了通过 GPRS/4G/5G 等数据上传方式之外,还可通过 RS485、以太网、Zware、ZigBee、NB-IOT、蓝牙、Wi-Fi 等方式实现数据传输。

(3) 基础层

基础层通过所获取信息的共享、交换、融合,运用软件技术、编解码技术、专家算法等进行专业处理,实现对设施作物生产过程的高效决策管理和远程指导。如基于作物长势和病虫害等图像处理技术,并结合经验知识,实现设施作物长势预测、病虫害监测与预警功能。若发生特殊病虫害,传感器和视频采集可及时获取信息,以进行智能防治管理。通过对设施内温度、湿度、光照等局部环境状况的判断、决策,实现设施内环境的可知、可控。如设定好监控设备运行条件,可完全自动化运行,不需人工干预,同时,农田信息的获取和联网还能够实现自然灾害监测预警,帮助用户实现对设施农业的精准控制和标准化管理。

(4) 应用层

应用层是负责将监控系统采集过来的海量数据按功能需求进行分类和处理,形成物联网解决方案的软件平台,主要包括设施农业生产环境管理、农业生产过程管理、农业疾病识别与治理等农业应用系统。服务器接收通过 GPRS 等无线远程传输的数据并将有效数据加入数据库,服务器端平台将数据库数据进行处理。客户端可以通过浏览器实时查看农业环境参数监控数据、设备及整体使用情况,农户可以随时随地通过自己的手机查询设施的温湿度、光照、水肥等各项因子的实时数据,也可以查看温室环境因子的历史曲线及设备的具体操作过程,从而有助于农户对设施环境的精准控制和标准化管理,并进行数据分析和设备调控,为科学生产提供决策支持。

3.1.2.3 智慧设施种植系统的关键技术

(1) 设施环境实时监控技术

设施环境实时监控主要依赖于传感器、控制器和执行机构的组合应用。依据设施内外安装的温湿度传感器、光照度传感器、CO_2 浓度传感器、气象站等采集的信息,通过控制器控制执行机构(如通风设备、降温设备、灌溉设备、遮阳设备、补光灯等),对设施环境参数(如温度、湿度、光照强度等)和灌溉施肥进行调节控制,以达到设施作物生长发育要求。各类传感器节点的数量和部署位置一般应根据作物种类、种植面积的不同进行相应的调整。智慧设施种植系统控制单元由测控模块、电磁阀、配电控制柜及安装附件组成,可通过无线采集终端以GPRS等方式与监控中心连接,实现自动控制和调节。

(2)设施环境预警技术

设施环境控制系统的设计逻辑依赖于不同作物的生长发育与温度、光照、水分、肥料、气体等环境参数的互作规律,将基于现代分析方法构建的模型嵌入预警系统和(或)控制软件,一方面,可实现对环境参数、生产设备和作物长势的实时监测和及时预警,用户可通过手机短信、系统消息等方式接收报警信息,以利于农户及时采取有效措施预防生产问题;另一方面,控制软件可调控下游输出设备,针对不同的逆境障碍执行补偿恢复措施,以及时止损。

(3)远程可视化控制技术

在设施内安装视频监控装置,基于网络技术和视频信号传输技术,全天候视频监控设施作物生长状况,结合各类传感器反馈的环境参数,可实时动态展现控制效果。可以通过中继网关和远程服务器双向通信,服务器也可以做进一步决策分析,并对所部署的设施设备进行可视化远程管理控制。

3.2 智慧种植系统功能实现与属性特征

3.2.1 智慧种植系统功能实现

智慧种植系统利用传感设备对作物生产环境和生长状况进行实时监测;基于深度学习等算法对环境因子和作物长势变化等进行智能预测和有效预警,通过各种作业装备实现智能操控管理。物联网和大数据的应用,实现了作物生产过程中环境信息感知、数据实时传输、快速决策分析、智能精准控制和远程高效服务等功能,达到减工降本、提质增效的目的。

3.2.1.1 环境监测

在智慧种植模式中,不仅需要记录作物播种、除草、灌溉、施肥、喷药等信息,还需要对作物生长过程中的空气温湿度、土壤水分、土壤温度等环境参数进行实时监测。以基于单片机的智慧种植环境监测系统为例,可以使用GPRS无线传输模块实现数据上传,通过土壤温湿度、空气温湿度传感器等进行环境信息采集;整个装置的供电模式多采用太阳能供电、锂聚合物电池蓄电的混合供电模式,保障装置长时间有效运行。整个系统大致可分为环境监测服务器、物联网云平台和手机APP三个部分(图3-3)。

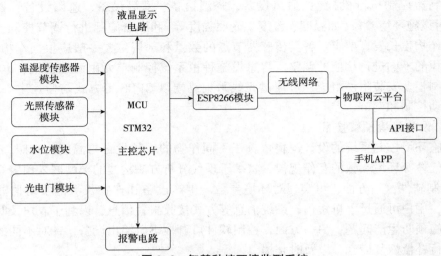

图3-3 智慧种植环境监测系统

环境监测服务器硬件包括 STM32 芯片、液晶显示器、ESP8266 模块、温湿度传感器、水位监测模块和光敏电阻等；软件包括整个主程序的设计及各模块的编程设计，如温湿度采集和统计害虫数量子程序设计、液晶显示子程序设计、报警子程序设计、ESP8266 连接 Wi-Fi 上传子程序设计等。物联网技术是整个监测系统最核心的技术，其功能实现首先体现在硬件设备各模块能够成功获取数据，ESP8266 模块接收到传感器采集的数据并实现 Wi-Fi 联网，将数据成功上传到物联网云平台，然后使用云平台提供的接口，从云平台的服务器读取数据，显示在手机界面上以便于实时监管。种植者可通过手机端 APP 实时获取温湿度参数、害虫数量等数据，手机 APP 提供数据的存储、检测及数据命令的转发。

3.2.1.2 预测预警

预测预警是在获取作物生长发育状态、病虫害、水肥状况等种植现场大数据的基础上，采用数学和信息学模型，结合专家知识经验库，对种植对象生长发育状况的可能性进行推测和估计，为实现作物栽培科学管理、病虫害及时预测预防和种植决策调控提供技术支持和数据支撑，达到合理使用农业资源、降低生产成本、改善生态环境、提高农产品产量和品质的目的。

下文以设施蔬菜物联网智能预测预警专家系统为例，介绍系统结构和预测预警模块功能。

(1) 预测预警专家系统结构

设施蔬菜物联网智能预警预测专家系统是基于"浏览器/Web 服务器/数据库系统"三层分布式计算结构体系的综合性管理系统。用户可利用浏览器登录访问，实现设施蔬菜生产中的病虫害预测、诊断、管理模式化和气象减灾等功能。各相关领域专家也可登录专家系统对知识库进行更新和维护，实现知识的动态获取功能。其系统结构如图 3-4 所示。

图 3-4 设施蔬菜物联网智能预警预测专家系统结构

(2) 预测预警系统的功能实现

设施蔬菜物联网智能系统的预测预警部分主要包含产量预测、产期预测和病虫害预测三大模块。

① 产量预测 是根据不同蔬菜单株坐果情况，结合定植时输入的栽培参数（如栽培密度、坐果数、单果重等）进行预测，其中单果重受栽培蔬菜种类和品种的影响，坐果数受设施环境和农艺措施影响，栽培密度则根据定植时的行距和株距确定。

② 产期预测 是根据不同设施蔬菜开花至采收的生理发育天数，结合设施周年数据库的设施环境参数，对不同月份的生长天数进行预测。受季节和品种等因素的影响，将相关参数输入后即可根据生长环境进行产期预测。

③ 病害预测 是根据设施周年环境数据库的温度环境参数和高湿持续时间，结合蔬菜主要病害发生时的环境特点，确定不同月份的发病指数，进行初步预测预警，再根据蔬菜生长动态和更新的环境数据进行病害预测修正；还可根据田间档案记录的往年历史发病情况，在病害高发期的早期对病害发生进行预警。同时，系统还提供病害预防措施和药物防病技术，实现早期防病。

3.2.1.3 智能决策

(1) 作物模型构建

作物模型构建是数据模型在作物上的应用，即按照试验要求，通过对作物生理生态过程及其生长环境的监测获取大量数据，再运用计算机技术和信息处理方法确定自变量和因变量之间的变化规律，描述和预测作物生长发育及产量的形成过程，具体可包括作物的光合作用、呼吸作用、蒸腾作用等生理过程及其与气候、土壤等环境条件及耕作管理、灌溉管理、施肥管理等技术条件的关系描述。

Klaring 等（2020）通过光合模型估算作物对 CO_2 的浓度需求，由此来增施 CO_2 以维持温室内作物所需的 CO_2 浓度，在一定程度上解决了因 CO_2 浓度过低引起的作物产量降低的问题。杨再强等（2007）提出用生理辐热积来预测温室标准切花菊的采收时间和外观品质指标。孙忠富等（2006）构建了基于改进模型的设施环境管理系统，实现了温室环境数据定性分析与定量计算的结合。荷兰的"de Wit 学派"在 SUCRS（simple and universol crop growth siMulator）模型基础上发展了 WOFOST（world food studies）模型，澳大利亚农业生产系统研究组通过集成不同作物生长模型建成的作物生产潜力模型（agricultural production systems siMulator，APSIM），荷兰开拓的温室作物生长模型和美国研究的温室护理系统分别是作物生长模型应用于设施蔬菜、花卉环境监管和优化调控的成功典范。

(2) 智能决策专家系统

智能决策专家系统的设计和研发以人工智能和知识工程为理论基础和开发准则。基于移动物联网的农业智能决策专家系统可以利用"3S"技术实现对不同地区和不同作物的农业信息获取和管理，建立更加完备的知识库系统和更为精确的决策模型，开发出适合不同地区和不同作物的更具有针对性的农业智能决策专家系统，实现农业领域的标准化、智能化、高效化生产和管理。以产量智能决策系统为例，其构架由农业信息资源数据库、数据预处理、产量预测、产值预测和用户接口五部分构成（图3-5）。

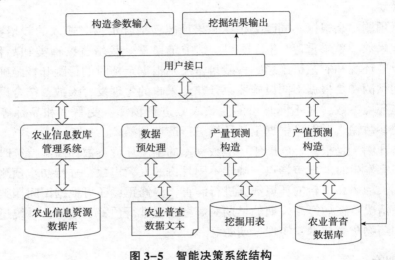

图3-5 智能决策系统结构

姚玉霞等（2007）采用智能化农业专家系统技术对采集的水稻病虫害照片进行数字化处理，实现了对玉米病虫害的图像识别、自动提取和诊断的智能决策。王衍安等（2005）基于知识工程方法，利用农业专家系统开发平台，构建了涉及桃树、杏树等果树的病虫害知识库系统，实现了果树病虫害的诊断与防治的无人化和智能化。李佐华等（2003）开发了温室番茄病虫害、缺素诊断与防治系统，实现了番茄生长发育过程中缺素症状及病虫害防治诊断的智能化管理，为现代温室番茄等经济作物的高效高产栽培管理提供了技术指导。潘锦山等（2010）基于3G混合网络和GPS技术开发了果树移动专家系统（fruit tree movement expert system，FMES），实现了柚园施肥和农药喷施的自动化和智能化。余国雄等（2016）在应用知识工程原理建立荔枝数学决策模型，开发了荔枝智能灌溉专家决策系统。东京大学利用人工智能和工程知识相结合开发的专家咨询系统，能够实现对番茄的无人化无土栽培管理；千叶大学的花卉栽培管理系统实现了花卉的栽培管理咨询决策，提升了农作物生产的经济效益。波兰克拉科夫农业大学利用OTR-7软件优化了农业机械园区的相关设备等，实现了园区设备管理的智能化。

经过国内外研究团队对温室作物模型的研究与应用，温室环境调控和作物生产管理技术信息化水平不断提高。近年来,随着"互联网+"国家战略的不断深入,农业专家知识系统的应用领域逐步扩大,在种植业、畜牧业、水产养殖业的高效管理、远程监控、智能灌溉和病虫害防治等领域得到广泛的应用。

3.2.1.4 智能精准控制和远程高效服务

(1) 智能环境控制

通过智慧种植系统,农业经营者可以在手机端 APP 上或者 PC 端监控到环境信息,并且自动控制、联动联控,实现对温室补光灯、卷被、排风等设备的远程自动化控制,大大减少了人工作业。

(2) 智能灌溉施肥

利用智能灌溉施肥设备将可溶性固体或液体肥料与灌溉水充分融合,根据作物实际需求定时定量科学地把水分、养分提供给作物,节水率可达50%,肥料利用率可提高20%以上,通过智慧种植系统可实现对农业灌溉施肥精准化、智能化、自动化、远程化的操作。

(3) 智能精准施药

智能精准施药的状态参数包括作业速度、喷雾压力、流量、喷杆姿态、喷头堵塞处理等,实时监测作业状态参数旨在传递状态信息到控制系统以分析执行变量控制决策。

目前,随着图形图像处理与"3S"技术的发展,自动对靶喷雾已经成为可能。自动对靶施药使施药机械能够根据靶标的有无和其特征变化进行选择性施药,用CCD摄像头或红外传感器来识别作业区域内的作物,然后利用喷头来执行喷洒任务,达到精准高效施药的目的。研究表明,对靶喷药能够显著地减少农药在非靶标区域的沉降,有效提高农药的利用率。

(4) 远程高效服务

智慧种植系统通过先进的物联网和自动化技术,让种植者足不出户就能随时随地控制和管理棚室,提高工作效率,降低人工成本。农业经营者和管理人员远程查看棚室实时环境数据,还可通过远程控制对作物进行灌溉施肥和施药操作,并远程查看实时视频、门禁管理记录和录像,随时随地了解设施生产现状;同时,根据报警记录查看关联的棚室设备,更加及时、远程、高效地控制棚室设备,高效地处理相关问题,最大限度保证整个系统的稳定运行。

3.2.2 智慧种植系统共同属性与技术特征

3.2.2.1 智慧种植系统的共同属性

(1) 生产生态性

作物生产与物联网、云计算、大数据应用深度融合,使种植业的运行更加高效。生产者可以通过"3S"技术获取作物生长过程中的相关环境数据,并以此为基础对作物生产管理做出最优决策,提高农业资源利用效率,保证农业生产的生态性,提升农产品品质。

(2) 管理效益性

智慧化管理贯穿于作物生产的各个环节。基于农业物联网平台，对农田环境、作物长势、病虫害发生、土壤墒情和肥力等情况进行远程监控和有效预警，对水分、养分、农药供应等进行精细化管理。基于互联网技术，推动农产品电子商务应用，实行精准营销，提升营销的效率性、准确性，助推作物生产提质增效，增加农民收入。

(3) 信息服务共享性

智慧种植注重信息资源的共享，基于互联网、云计算、大数据分析等，可实现作物生产信息的实时采集、高效存储与快速传输；种植者遇到技术问题时可随时随地与在线专家联系，及时响应服务，精准解决问题；对农产品涉及的市场信息、供给信息、物流信息等了如指掌，实时跟进种植资讯，降低信息获取和发布的不对称性，提高资源配置效率。

3.2.2.2 智慧种植系统的技术特征

(1) 高精确性

与传统粗放型作物种植模式不同，智慧种植系统具有极高的精确性，它可以通过对空气、土壤、水体等环境参数的实时监测分析，科学制订种植计划，合理利用农业资源，并达到精细化、绿色化生产，实现农产品供给与需求的有效对接。

(2) 高效率性

智慧种植系统通过集成应用一整套智能设施设备、现代农事管理技术和远程控制技术，可以合理安排用工、用时、用地，提高劳动生产率和土地产出率，更有效地控制生产成本；同时，也有利于实现对闲置资源的高效再利用，从而获得更高的农产品价值。

(3) 可追溯性

智慧种植系统利用信息化技术和区块链技术，可以实现作物生产、管理、加工、仓储、物流等整个过程的透明化，实现田间到餐桌的全程可追溯，将生产的关键环节直观地呈现给消费者，促进作物规范化和标准化生产，保证农产品质量安全。

(4) 可复制性

科学技术是智慧种植系统依赖的核心要素，先进、适用、成熟的生产技术可以复制与推广。使用标准化方案生产，人人都能成为种植专家，不仅能大幅提高农产品产量、品质及产值，提升种植效益及竞争力，还能增强抵御自然灾害与市场风险的能力，保障农产品稳定供给。

3.3 常用传感器与智能化作业装备

3.3.1 常用传感器

环境信息和作物生长信息获取是智慧种植系统的基础，主要依赖于各种类型的小气象传感器。传感器是智慧种植系统中实现自动监测和自动控制的首要环节，并日益向微型化、数字化、智能化、系统化、网络化、多功能化等方向发展。温度传感器、温湿度一体化传感器、光照传感器、CO_2气体浓度检测传感器等是目前智慧农业中最常用的几类传感器。

(1) 温度传感器

①数字式红外温度传感器　可适应$-40 \sim 125℃$的工作环境温度,被测目标的温度可在$-70 \sim 380℃$,且可通过SMBus兼容协议或脉冲宽度调节输出两种方式读取温度值,器件体积小巧、使用方便,适用于温度变化范围较大的设施环境中。

②三总线数字温度传感器　三总线数据格式和ZigBee数据格式的传感器类型是较为常用的数字温度传感器。1-Wire总线技术是美国Dallas半导体公司推出的三总线数据格式数字温度传感器,它将地址线、数据线、控制线合为一根信号线,允许在这根信号线上挂接多个1-Wire总线器件。DS18B20是美国DALLAS公司生产的单总线数字温度传感器,硬件结构简单,环境适应性强,方便联网,非常适合于多点温度检测系统,测温可在$-55 \sim 125℃$,测量分辨率为$0.5℃$,最大分辨率可达$0.0625℃$。

(2) 温湿度一体化传感器

空气温湿度的测量通常采用集成传感器,能同时测量温湿度。数字温湿度传感器是含有已校准数字信号输出功能的温湿度复合传感器。它应用专用的数字模块采集技术和温湿度传感技术,确保产品具有很高的可靠性与长期稳定性。传感器包括一个感湿元件和一个测温元件,还可与高性能单片机相连接。数字温湿度传感器响应快、抗干扰能力强、信号传输距离可逾20m,适用于各种场合。

(3) 光照传感器

①数字式宽量程光照传感器　在智能化农业生产光照监测过程中,数字式多量程光照传感器可克服监测范围窄、测量精度低两大缺点,具有自动量程转换、无线数据传输、测量精度高、接口简单、能在恶劣环境中长期稳定工作等特点,具有较高的应用和推广价值。数字式宽量程光照传感器的测量范围宽,可实现从弱光$[0 \sim 3.6 \mu mol/(m^2 \cdot s)]$到强光$[900 \sim 3600 \mu mol/(m^2 \cdot s)]$不同的测量范围内的可靠监测;测量分辨率和测量精度高,测量分辨率可达本量程的0.1%,测量精度可达量程的±3%;可在高温高湿等恶劣环境中长期稳定地工作;具有无线和有线两种数字输出方式。

②基于光电二极管的无线光照传感器　在智能化农业生产过程中,无线光照传感器由发送器、接收器和检测电路组成。其中,发送器对准目标发射光束,光束不间断地发射或改变脉冲宽度;接收器由光电二极管、光电三极管、光电池等组成;在接收器前面装有光学元件如透镜和光圈等,在其后面是检测电路,它能滤出有效信号和发送该信号,以此检测光照强度的变化。该传感器具有体积小、感应灵敏度高、稳定性高、光源依赖性弱、成本低和功耗低等诸多优点。

(4) CO_2气体浓度检测传感器

①固体电解质式CO_2传感器　目前采用聚丙烯腈(PAN)、二甲亚砜(DMSO)和高氯酸四丁基铵(TBAP)制备固体聚合物电解质,其在金微电极上成膜构成的全固态电化学体系在常温下对CO_2气体有良好的电流响应特性,消除了传统电化学传感器因电解液渗漏或干涸带来的弊端,具有体积小、使用方便等优点,但成本偏高。

②红外吸收式 CO_2 传感器 不同气体的化学结构不同，导致其对不同波长红外辐射的吸收程度不同；同一种气体不同浓度时，在同一吸收峰位置也有不同的吸收强度，即吸收强度与浓度成正比。红外吸收式 CO_2 传感器由红外光源、测量气室、可调干涉滤光镜、光探测器、光调制电路、放大系统等组成。其中，红外光源采用镍铬丝，其通电加热后发出的红外线包含了 $4.26\mu m$ 处 CO_2 气体的强吸收峰；在气室中，可显示出 CO_2 对红外线的吸收情况；干涉滤光镜可改变其通过的光波波段，从而改变监测信号的强弱。该类 CO_2 传感器的测量范围宽、选择性和防爆性好、设计简便、价格低廉，在生产中应用较多。

3.3.2 常用智能化作业装备

农业生产作业主要包括耕作、播种、定植、嫁接、灌溉与施肥、病虫害防治和采收等环节。按照使用功能的不同，智慧种植系统中涉及的智能化作业装备主要包括嫁接移栽装备、采收分选装备以及灌溉、施肥和植保装备等。智慧种植系统中应用的智能化作业机械和设备既能完成耕作、收获、灌溉和病虫害防治等作业，还能采集土壤性状、作物产量等信息；结构紧凑、通用性强，能适应不同作业环境、不同作业对象对机械的要求；劳动强度低，作业效率高，能根据作业需求变化自动调整、控制，减少人工操作；安全性好、可靠性高，可借助不同传感器监视作业环境和作业状况，能根据作业环境和对象变化自动调整工作状态；节能环保，能耗较低。

3.3.2.1 智慧种植涉及的主要作业配套机械和装备

(1) 耕作配套机械和装备

耕作配套机械根据作业内容的不同可分为旋耕机和起垄机两类。无人驾驶履带式旋耕机采用履带式驱动设计，稳定性和爬坡能力较强，搭载北斗导航控制系统可完成各种山地、丘陵、平原、旱田、大棚、果园及狭窄地作业；适用于冻土、硬土、黏土、黑土地、软土等各种土壤。其安装上不同的配件可以进行单独旋耕、回填、单独开沟、施肥，也可混合搭配使用，操作方便。该机主要有一次完成开沟、施肥、回填、埋肥，单独开沟，单独回填，旋耕，除草和打药等功能。

(2) 播种配套机械和装备

飞播无人机适用于水稻、小麦、高粱、玉米、棉花、蔬菜、茶叶和花卉的播种；可在平原、山地、丘陵、洼地、梯田和河道等进行作业；30L 的飞播无人机播种速度为 $120\sim200 km^2/h$，成本 0.5 元/亩*，播种均匀，提高了作业效率，降低了人工成本。该机除播种外，还可进行施肥喷药作业。

(3) 定植配套机械和装备

插秧机可安装北斗导航自动驾驶系统实现无人智能作业，支持北斗、GPS、卫星定位系统，结合自适应的人工智能算法，支持转弯后自动校准功能。安装北斗导航自动驾驶系统的插秧机辅助插秧直线精度≤2.5cm，支持直线、曲线多种作业模式，行

---

* 1 亩≈$666.7m^2$。

走误差小于 2.5cm，高速、斜坡中精度依旧优于行业标准，高精度作业速度可达 15km/h；信号稳定，覆盖广：网络、移动基站双模式连接，无缝切换，支持超长时间断点续航；实时监控作业动态，通过插秧机搭载的北斗导航系统可以实时监控插秧机位置、轨迹、作业状态。

蔬菜移栽机可完成单畦两行、两畦两行、无畦两行下的机具蔬菜移栽作业；可完成取苗、开孔、落苗、覆土、镇压全自动蔬菜移栽；拥有标准化可卷曲专业育苗盘等特点。

(4) 嫁接移栽配套机械和装备

嫁接装备在蔬菜、花卉等园艺作物苗木繁育中有较多的应用，它是集机械、自动控制、园艺等技术于一体，可以在很短的时间内处理繁重的嫁接工作，大幅提高嫁接速度和嫁接成活率。在我国，嫁接装备主要用于黄瓜、西瓜、甜瓜苗的自动嫁接，即利用传感技术和图像识别技术自动判定待嫁接作物茎苗的具体位置，锁定方向后再自动完成取苗、切苗、接合、固定、排苗等过程，实现智能化嫁接作业。全自动嫁接机可用于黄瓜、西瓜、甜瓜、茄子和番茄的嫁接，嫁接速度可达 1200 株/h，具备缺株跳跃功能，可避开苗木缺失不工作现象，安装智能机器人定位驱动工作装置，CCD 视角成像定位检查，塑料夹子可自动上夹，气源采用 RTS 流量组阀分配，主要由控制器、嫁接装置、交换平台和光电成像平台构成。全自动茄类嫁接机采用 128 孔穴盘整盘上苗，一个作业循环嫁接一行 8 株苗，完成的嫁接苗以穴盘整盘自动下苗。该机嫁接成功率可达 97%，但其对培育的砧木苗和接穗苗在形态和尺寸方面要求非常高。移栽装备可利用其信息感知功能有效识别苗木的质量，并作出移栽到指定位置的决策，该过程能够有效降低人工成本，提升作业效率。

(5) 灌溉与施肥设备

在智慧种植系统中，灌溉与施肥装备的技术发展较快，应用也较成熟。灌溉施肥装备利用传感器分析不同作物根系深度的土壤水分和养分特性，结合互联网、集成电路和人工智能等技术，实现智能化高效灌水和精准施肥，提高水肥利用效率，并能通过远程接口，实现人机交互。例如，以色列等国家在大型平移式喷灌机械上加装 GPS 定位系统，结合存放在地理信息系统中的信息和数据，实现农作物的人工变量智能灌溉施肥。国产的多通道多灌区自动灌溉施肥机能够实现 8 个灌溉区的灌溉作业，EC 值误差控制在 0.05mS/cm，pH 误差控制在 0.01 以内，灌溉量控制误差在 0.9% 以内，营养元素配比误差在 3.4% 以内。

(6) 病虫害防治配套机械和装备

病虫害防控所用机械装备主要包括喷药装备和除草装备。其中，智能喷药装备由高精度喷药系统、传感器、控制系统、调节装置、信息采集装置、机电一体化模块等组成，可实现不同作物、不同高度均匀施药，提高农药覆盖率和利用率。近年来，集灌溉、施肥、喷药于一体的多功能喷洒装备成为智慧种植领域的研究与应用热点，它由多种传感器、控制器、图像处理器及末端执行臂等组成，工作时，该装备可沿"S"形路径巡检，利用图像处理装置对作物常见病虫害进行检测，利用算法和模型对农药浓度进行智能自动混配，通过控制器确定作物喷洒部位和高度，最后由机械臂和喷洒头完成施药任务。遥控式小型温室喷雾机主要由三自由度风速流量可调式喷筒、深度视觉系统、供药系统和自走式履带底盘小车组成。该机功率及配电为0.7kW和48V直流电，整机尺寸为0.8m×0.6m，喷头上下摆角为$-45°\sim45°$，流量为$0\sim1.2$L/min，可持续工作时间6h，可探测$3\sim15$m，施药高度可调节，行驶速度为$0\sim7.2$km/h。不仅能够实现根据精准变量喷施，还可以通过深度传感器检测外部环境实现自主行走。此外，智能除草装备集环境感知、路径规划、目标识别和动作控制等于一体，其工作方式有基于机器视觉和精准目标定位的机械除草、除草剂喷洒除草与激光除草三种。激光除草机器人，在基于计算机视觉的基础上极大地提高了除草准确率，且不会对土壤造成破坏。

(7) 采收配套机械和装备

农产品采收是作物生产链中最耗时耗力的环节之一，重复性高、采收期集中。采收装备可基于其信息感知功能，智能、高效、精准地识别农产品的成熟程度；同时，可根据农产品的生物学特性设计机械手的自由度与抓取方式，提高采收效率并保障采收质量。例如，全喂入联合收割机适用于小麦和水稻收割，其作业速度自动控制装置可利用发动机的转速检测行进速度、收割状态，通过变速机构，实现作业速度的自动控制，操作人员可根据遥控器上监视的收割机的油位、转速、水温、仓满情况等信息了解当前收割机状态，及时调整，同时用户也可进行远程操作，提高了收获效率，进一步降低了人工成本；黄瓜采摘机器人，通过计算机视觉系统可以准确判断黄瓜的成熟度，结合由移动平台和机械臂共同组成的移动机械臂系统，15s便可完成一次完整高效的黄瓜采摘工作。目前，国内外在智能采收装备领域做了大量研究，取得了一定的进展，但作业效率及产品识别率不高且缺乏通用性，尚未进入大规模商业应用。采收环节结束后，分选装备可基于传感器技术和智能识别技术对农产品进行分类和分级，区别出相同品种、相同规格、相同成熟度的农产品，进而有效控制分选成本，提高农产品的良品率。

3.3.2.2 智能化作业装备的关键技术

(1) 定位导航技术

定位导航技术是智能化作业装备进行路径规划、地头预判和地头转向等动作的基础，已广泛应用于拖拉机、收割机、插秧机、植保机等多种农机设备终端，包括无线导航、惯性导航、GPS导航、激光导航、信标导航和计算机视觉导航等方式。目前，智能化作业装备的导航研究多集中在GPS导航和机器视觉导航上，而我国自主研发的北斗导航技术将成为智能化作业装备田间定位的重要技术支撑。随着软件算法的升级以及定位技术的进步，定位导航精度也不断提高，在土地利用率、作业效果及减人降本增效上，体现出巨大的使用价值。

(2) 自动驾驶技术

自动驾驶技术是目前农业机械智能化技术中最具有实用价值、技术含量最高，多学科应用融合最复杂的关键核心技术之一。农业机械自动驾驶技术属于多领域交叉学科，该项技术需要综合利用基于卫星导航定位的自动控制技术、电液自动控制换挡技术、路径规划、环境感知系统技术等众多科学领域的关键技术。在采收作业中，自动控制半喂入联合收割机采用自动驾驶技术对作物进行自动收割，激光除草机器人采用自动驾驶技术对作物杂草进行高效准确的清理。

（3）信息感知技术

在智慧种植系统中，工作环境和作业对象的复杂性、非结构性、不确定性、难以预估性等决定作物生产作业装备必须具有智能化的环境感知能力。智能作业装备在实现导航、定位和路径规划等功能时都依赖于传感器所感知的信息。例如，微小型无人机采用信息感知技术搭载多光谱视觉传感器能够动态、快速、准确、及时地获取作物的图谱，并结合数据分析方法诊断作物长势和病虫害情况，供决策和估产等使用，具有运行成本低、灵活性高以及获取数据时效性强等特点。

（4）智能处理技术

由于工作环境相对复杂，且进行数学建模比较困难，智能作业装备需要对信息进行智能处理与决策，以实现精准化作业。人工智能、大数据、机器学习等方法已逐渐应用于种植装备作业机械，用以不断提升装备控制的自适应性和自决策能力，完善其智能处理复杂情况的知识系统。智能装备通过对作业过程中的位置信息、气候变量、作物特征、热图像等信息进行分析处理，输出智能作业决策，实现快速精准作业，提升工作效率，降低人力成本。

3.3.2.3 智能化作业装备的发展趋势

近年来，国内外围绕智慧种植的关键环节在智能化作业装备的研发方面取得了许多成果，为提升农业生产效率、推进农业现代化发展发挥了重要作用，但仍然存在智能装备使用成本高、作物精准识别率低、对作业环境的适应性差等问题，且依赖人工干预、与大数据的融合力度不够、不适用于小型农场或小规模农户等问题也限制了智能作业装备的推广应用。随着种植技术与传感器技术、自动导航技术、人工智能技术等高新科学技术的深度融合，智能化作业装备的应用领域将不断拓宽，其发展将呈现如下趋势：具有开放式的结构，良好的扩展性、通用性和柔性作业能力，不断优化装备性能、降低生产成本，在大田种植和设施种植中真正实现普及应用。能够通过更换不同的机械模块和末端执行机构来适应不同类型的作物需求，实现一机多用，提高使用效率。不断优化结构组成，向小型化、轻量化、高效化、多功能化等方向发展。对视觉传感器技术、图像采集和处理的算法等进行更深入的研究，提高智能识别和避障能力。纳米材料、柔性材料等新材料将广泛应用于智能装备领域，促进作物无损作业技术快速发展。

3.4 智慧种植系统案例

3.4.1 智慧大田种植系统案例

3.4.1.1 智慧水稻种植系统总体架构

智慧水稻种植系统总体架构如图 3-6 所示。

第3章 智慧种植系统

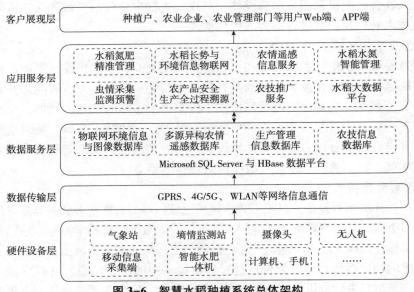

图 3-6 智慧水稻种植系统总体架构

3.4.1.2 子系统功能设计

(1) 水稻氮肥精准管理子系统

基于光谱指数的氮素营养诊断与调控技术，构建水稻氮肥精准管理系统，主要包含五个功能模块(图 3-7)。

①土壤肥力　提供输入、查询等功能。用户在地图中选择相应地块，可查询有机质、全氮、有效磷、速效钾等土壤养分信息，用不同颜色分别表示严重缺乏、略微缺少、适宜种植。

②长势反演　用户将光谱数据输入系统后，可快速获得水稻长势情况。

③氮肥决策　由用户选择地块，输入目标产量，系统读取土壤数据库和模型参数

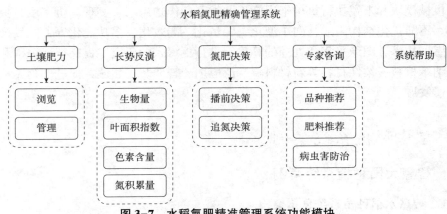

图 3-7 水稻氮肥精准管理系统功能模块

库，生成氮肥基施处方；根据测得的光谱数据，估算水稻生长状况，调用氮肥调控模型，生成追氮量处方。

④专家咨询　根据种植区域，用户了解当地农技部门推荐的品种特性、种植要点和注意事项，通过图片点选方式，用户直观了解肥料使用方法，病虫害症状分辨和相应的防治方法。

⑤系统帮助　指导用户正确操作和使用该系统等。

(2) 水稻长势与环境信息物联网子系统

基于物联网技术，依托部署在农田的风速风向、空气/土壤温湿度、光合有效辐射等传感器实时采集环境数据，依托高清摄像头获取农田现场实时图像，并通过 GPRS/WLAN/4G 网络传输至服务器数据库，构建水稻长势与环境信息物联网子系统，主要包含六个功能模块(图 3-8)。

①系统管理　主要包含用户管理、权限管理、节点信息管理、环境采集数据管理、历史数据管理和信息推送等功能。

②数据采集　是将传感器与摄像头采集到的田间环境数据及图像信息实时传输到服务器，实现数据的接收、存储、读取、查询、分析等功能。

③实时显示　是将所有监测点列表，并将其对应采集的实时数据直接展示给用户，方便用户及时了解当前环境信息变化态势。

④数据分析　包括数据浏览、统计分析、对比分析、影像浏览和影像对比等功能。

⑤智能报警　主要根据不同作物的生长需求，对环境参数进行灵活配置，实时监控其运行状态；当环境参数出现异常时，通过手机短信提醒，以及时准确地发出警报。

⑥远程管理　是以智能手机作为远程监控系统的终端，将传统的视频监控与移动多媒体技术相结合，实现移动视频监控功能。

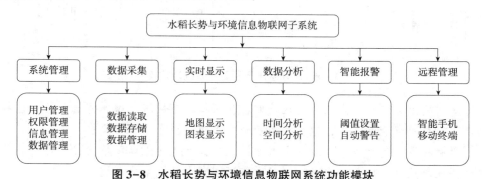

图 3-8　水稻长势与环境信息物联网系统功能模块

(3) 农情遥感信息服务子系统

采用 SOA 架构，结合 GIS、云计算和移动互联网技术，基于多元异构农情遥感数据库，构建农情遥感信息服务平台，主要包含八个功能模块(图 3-9)。

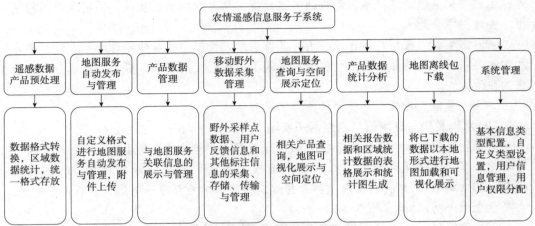

图3-9 农情遥感信息服务系统功能模块

(4) 水稻水肥智能管理子系统

基于节水灌溉自动化控制技术、灌溉预报技术和水肥决策模型技术，构建水稻水肥智能管理系统，主要包含四个功能模块(图3-10)。

①实时监测 包括墒情监测和预警管理，墒情监测主要通过4G通信技术实现数据传输，实时显示获取的土壤墒情数据；预警管理是根据土壤墒情监测阈值向用户发送短信，进行预警信息提醒。

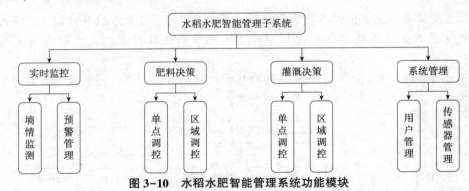

图3-10 水稻水肥智能管理系统功能模块

②肥料决策 包括单点调控和区域调控，根据示范区域土壤肥力状况，可控制单个电磁阀实现单点肥料调控，也可控制多个电磁阀实现区域肥料调控。

③灌溉决策 包括单点调控和区域调控，根据示范区土壤墒情状况，可控制单个电磁阀实现单点水分调控，也可控制多个电磁阀实现区域水分调控。

④系统管理 包括用户管理和传感器管理，用户管理是根据用户权限设置进行统一管理，传感器管理是根据硬件控制设备的类型及基本参数进行传感器信息的新增、编辑、删除和保存。

(5) 水稻虫情采集监测预警子系统

基于远程性诱数据采集、互联网移动端数据传输和Web端应用、APP端查询的数据应用技术，构建水稻虫情信息采集预警系统，其角色设计分为监测点用户、管理员用户两种，监测点用户使用 APP 端和 Web 端账户，管理员用户使用 Web 端账户。用两种角色登录系统 Web 端后显示不同界面，根据相应的功能模块分别进行设计（图 3-11）。

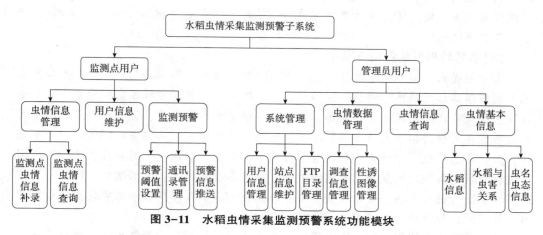

图 3-11 水稻虫情采集监测预警系统功能模块

3.4.1.3 水稻智慧种植系统应用效果案例

黑龙江某农业科技公司利用智慧化种植系统对 6300 亩水稻进行高效种植管理，降低了人工成本，节水 50% 以上，节肥 40% 以上，节省人工成本 90%，增加效益 40% 以上。同时在每一位客户的手机，都安装了智慧农业云平台。打造有身份的水稻农产品溯源系统，给每一袋水稻制作了唯一的身份(二维码)，完整记录该袋水稻的品种、产地、种植、收割、加工、仓储、质检等全程信息，消费者只要扫描产品二维码，就能快速地查看水稻的详细信息。从播种的第一天起，消费者就可以随时随地跟踪生产过程，通过农场视频、实时采集的种植环境数据，了解种植区的土壤温度、空气湿度、光照情况、水稻的长势、肥料和农药使用情况，真正做到全程掌控，提前预订，大幅提升用户黏性。利用农产品溯源平台，在消费者和每一位客户心中，建立并展示了绿色、有机、安全的良好品牌形象。

3.4.2 智慧设施种植管理系统案例

3.4.2.1 广西某农业科技有限公司应用效果

广西某农业科技有限公司种植规模 500 亩。

(1) 传统种植管理情况

园区大而分散，为了保证公司一年两收葡萄的高品质，公司技术人员经常奔走于广西及海南的各生产基地，详细采集记录各大棚内的温度、湿度、光照强度变化情况，观察葡萄的生长情况，并且将采集到的数据上传到计算机进行人工统计分析。这不仅浪费了人力物力，也严重影响了技术人员的工作效率。而且园区分散，给企业管理者带来了极大的不便。

另外，现场设备需人工操作，突发情况难控制。由于葡萄的种植环境要求较高，属于精细种植作物，工作人员需持续关注大棚环境变化情况，及时操作大棚的降温、喷灌、通风设备等，保证良好的种植环境。这种工作方式需要工作人员保持较长的在场时间，遇到天气突变(如大幅降温天气等)而工作人员不在种植园区时，往往容易造成严重损失。使用传统种植管理方式时，葡萄平均产量约900kg/亩，40元/kg，产值约7.2万元/亩。

(2) 智慧种植系统应用情况

①云端模式，随时随地管理　通过使用"智能种植监控系统"，葡萄在各生产基地大棚内搭建起无线传感网络，安装传感器、控制器、智能相机等监控设备，土壤温湿度、空气温湿度、风速、风向等，以及园区设备的运行记录、运行状态等数据均可通过布置在现场的物联网设备采集上传至云端。技术人员不必在多个园区之间频繁来往，只需通过手机或者计算机登录智能种植监控系统，就能轻松对分散各地的五个园区进行管理。系统对采集的数据精准度高，并且具有实时性。数据采集上传之后，在云平台中进行统计分析，自动生成各种报表。技术人员可便捷参考各项数据，为葡萄种植管理做出精准快速的决策。

②自动化远程控制，降低人力成本　系统实现了远程自动控制功能，种植管理员可以随时随地通过计算机或者手机登录云平台，实现对现场设备的控制。系统同时可以设定自动控制程序，当有异常情况出现时，系统就会发送警报至管理员手机，同时自动启动设备开关，自动实现远程控制。当监测到葡萄园连续一周的空气湿度超过80%，就会给葡萄管理员发送预警，提醒注意预防灰霉病等疾病；当监测到温度接近35℃，系统就会自动打开喷雾降温，防止葡萄灼伤。这不仅保证了葡萄良好的种植环境，同时降低了葡萄的人力成本。以该葡萄园为例，在使用监控系统前，12亩葡萄园总共需要1名管理人员及3名工人每天定时检查大棚的各种种植数据，如种植环境异常，则打开相应设备进行等作业，并手动录入数据存档。在使用手机云端监控系统后，该葡萄园取消了管理人员，并减少1名工人。

③种植全程溯源，打造精品葡萄　打造全程可追溯的葡萄，让消费者能够了解每串葡萄的种植环境、生长过程、肥料和农药使用情况，让消费者能够放心购买、品尝，这是该公司打造高端品牌的途径之一。2013年，葡萄逐渐开始在各个园区部署应用慧云智慧农业云平台，实现智能远程监控葡萄大棚，并利用平台的农产品溯源功能实现对葡萄种植的全程溯源，建立产品档案，最终通过二维码的形式向消费者展示高端、优质的葡萄品牌。使用智慧种植系统后，葡萄的种植环境得到24h实时监控，保证了种植的优良环境，有效减少了病虫害，因为实时监测葡萄的种植环境数据，种植管理更加精细、科学、高效，不仅葡萄的产量得到提高，葡萄的品质也相应提升。葡萄产量约1000kg/亩，品质提高后售价约24元/kg，产值约9.6万元/亩，年增产值2.4万元/亩。

3.4.2.2 山东某瓜果菜种植专业合作社应用效果

山东某瓜果菜种植专业合作社产品有辣椒、甜瓜，种植规模6500亩。在未应用智慧种植系统前,种植管理耗时耗力,人工成本较高,无法对种植基地环境、作物、设备等进行实时监测和调控,应用智慧种植系统后可利用土壤温湿度传感器、空气温湿度传感器等传感设备对大棚环境进行监测,并将数据上传到智慧种植系统云平台,用户通过平台可实时监测大棚的环境(图3-12),并借助部署在关键监控点的高清摄像头,实时查看大棚作物的长势(图3-13)。实时监测的环境情况数据每隔10s就上传到"智慧农业云平台",工作人员只要登录手机APP或者在计算机上,就可以远程随时随地查看大棚的各项关键数据。工作人员可以在云平台中对相关传感设备进行预警设置,当温度超过设定值时,传感器图标将会由绿色变为黄色,表示预警状态,并向管理员手机发送预警消息,提示相关人员。通过智慧种植系统进一步提高了生产的标准化、智能化,降低了农民劳动强度。

图3-12　智慧云平台实时数据

图3-13　视频监控画面

思考题

1. 简述智慧种植系统的总体架构。
2. 根据种植场景不同，主要有哪些智慧种植系统？
3. 简述智慧大田种植系统的物联网架构及关键技术。
4. 简述智慧设施种植系统的物联网架构及关键技术。
5. 试述如何根据种植环境的实际情况选用传感器。
6. 按使用功能不同，智慧种植系统中主要涉及哪些智能化作业装备？
7. 简述智慧种植系统的基本功能。
8. 简述智能决策系统的体系结构与功能特点。
9. 简述智慧种植系统的共同属性和技术特征。
10. 试结合具体案例进行智慧大田或设施种植系统结构与功能设计。

推荐阅读书目

1. 农业物联网应用模式与关键技术集成．李奇峰，赵春江．中国农业出版社，2021．
2. 设施农业装备（第2版）．吴海平．中国农业大学出版社，2021．
3. 现代精细农业理论与实践．汪懋华，李民赞．中国农业大学出版社，2012．
4. 农业物联网技术及其应用．何勇，聂鹏程，刘飞．科学出版社，2016．
5. 智慧农业应用场景．辜丽川．安徽科学技术出版社，2022．

第 4 章 智慧养殖系统

以保护畜禽健康、保护人类健康和提高动物福利水平为目的的智慧养殖模式将成为我国畜牧业发展的重要趋势和必然选择。畜禽智慧设施养殖的核心是在为畜禽营造舒适的人工设施养殖环境条件下，以能够满足畜禽生长、生活和生产管理需求的舍内笼具（圈栏）、饲喂、通风、清粪等养殖全程机械化、信息化设备为基础，运用物联网技术全方位实时感知获取涉及养殖畜禽（群体或个体）生理、生态和生产过程的数字化信息（体温、体重、呼吸、活动量、采食量、体况等），基于构建的畜禽生长模型（或算法），科学推理（或预测）和实时响应动物行为，应用闭环工业控制理论智能化调控畜禽舍内微气候环境，并基于获取的数字化信息实施饲料选优、疫病防控等全程全自动生产管理与决策服务。通过优质低耗大幅提升畜禽饲养效率、防疫水平，节约能源，有助于我国畜牧业从传统的粗放型经营向精细化、无人化、可持续的养殖模式转变。

4.1 智慧畜禽养殖

4.1.1 智慧畜禽养殖内涵

随着物联网时代的到来，越来越多的领域开始在现代信息科学技术支持下向智慧化转变，"智慧畜禽养殖"即为此背景下衍生出来的新概念，顾名思义就是以现代科学技术（图形图像处理、环境信息监测、音视频监控、行为自动识别等）为支撑，以数据（畜禽舍环境数据、畜禽机体健康状况监测数据、畜禽生理生长行为数据等）为核心，以先进的智能装备为载体，以信息化管理（畜禽网络化远程管理系统、畜禽生产信息监控平台等）为手段，打造集约、高效、可持续的现代畜禽养殖业综合生态体系。智慧畜禽养殖是通过对畜禽生产过程原始数据的获取与分析，借助信息化智能装备对畜禽饲养环境的感知与智能调控，结合数字化模块开展畜禽选种选育的综合性量化分析，对畜禽养殖生产过程实施科学、精准化管理，做到畜禽产品质量可追溯，实现畜禽养殖设施设备智能化、过程管理智慧化，以最小人力、物力、财力的投入获取最大经济收益。

智慧畜禽养殖解决以下两个问题：

①精细化管理　通过数据实时采集、分析和反馈控制能力，实现从面向群体的粗放式管理到面向个体的精细化管理的转变，这是智慧养殖的核心优势。

②数据集成与决策　在精细化管理的基础上，通过数据分析、处理，建立决策算法模型，利用数据进行个性化、科学化的决策，这是未来畜禽养殖无人化的发展趋势。

4.1.2 智慧畜禽养殖特征

(1) 生产设备在线化

物联网技术是智慧畜禽养殖核心技术。搭建畜禽养殖物联网，促进了物与物、物与人之间的联系，让各种畜禽养殖要素可以被感知、被传输，进而实现智能处理与自动控制。运行在生产活动中的不再是传统意义上的畜禽设备，而是通过物联网技术连接起来的智能养殖设备簇，各类传感器、智能控制器形成一个智慧网络系统，可实现畜禽养殖环境信息的全面感知、畜禽个体行为的实时监测、养殖装备工作状态的实时监控、现场作业的自动化操作及可追溯畜禽产品质量管理，实现畜禽养殖装备、畜禽产品、养殖户与消费者之间信息互联。

(2) 信息技术集成化

智慧畜禽养殖是以现代信息科学技术为核心，综合工业化、机械电子化、数字化、大数据信息等高新技术为一体的综合创新技术系统平台。包括更透彻的感知技术、更广泛的互联互通技术和更深入的智能化技术，从而实现畜禽业全产业链条中信息流、资金流、物流的有机协同与无缝连接，促使整个系统更加智能和高效地运转。

(3) 业务应用全程化

智慧畜禽中现代信息技术的应用，渗透到生产、经营、管理及服务等全产业链的各个环节，使整个产业链智能化，生产、经营、管理、服务活动的全过程都将由信息流把控，全面提高畜禽产品的数量、质量及生产效率，大幅降低养殖企业的运行成本，形成高度融合、产业化和低成本化的新形态。

4.1.3 智慧畜禽养殖物联网技术架构

畜禽品种、畜禽舍装备和畜禽舍环境是智慧畜禽设施养殖主要涉及的三大基本要素。下文以畜禽设施养殖为例，介绍智慧畜禽养殖系统结构(图4-1)。畜禽品种是整个系统的关键核心，畜禽舍装备是整个系统的支撑，畜禽舍环境是保障畜禽生产潜力

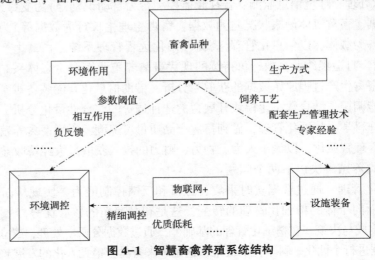

图 4-1　智慧畜禽养殖系统结构

充分发挥的根基。畜禽养殖过程中，畜禽舍装备通过饲养工艺、配套生产管理技术和专家经验满足畜禽在采食、饮水及生长过程中所需运行条件；通过自动调节畜禽舍环境为畜禽生长提供舒适的小气候条件，实现满足畜禽生产力需求并充分发挥其最佳遗传生产潜力的目标。

基于畜禽养殖过程中信息创建、传输、处理和应用的原则，设施养殖系统物联网可分为感知层、传输层、处理层和应用层。农业物联网技术可感知、传输畜禽养殖生产过程信息，实现智能设施装备互联；大数据与云计算技术完成信息的存储、分析与处理，实现畜禽养殖过程数字化；人工智能技术作为智慧畜禽养殖中关键的一部分，通过仿真模拟人类的思考方式和智能行为，学习物联网和大数据给予的海量数据，综合分析、辨别畜禽生产过程中出现的问题，继而完成决策任务，最终实现畜禽养殖场的精准作业。

4.1.3.1 智慧养殖感知技术

传感器是目前我国畜禽养殖系统物联网感知层的核心技术，传感技术可实现畜禽养殖过程中动物行为与生长状态的实时在线监测，为设施养殖生产过程中的自动化控制、智能化决策提供可靠数据源，同时便于养殖者及时发现和解决与动物健康相关的问题。

感知层由大量具有感知、识别功能的设备组成，是物联网的基础层和信息接口，用于感知和识别物体，采集并捕获与畜禽养殖相关的生产数据。主要有温度、湿度、光照、室外气象仪等环境传感器，智能水表、智能电表、摄像头等，用于识别、监测和记录室内外的环境数据、生产过程数据和视频图像数据等。对于其他无法感知的数据，将通过 Web 系统和 APP 两种方式进行人工上报。近年来，畜禽养殖舍环境、畜禽生理与生长过程信息实时感知技术快速发展，机器视觉、GPS、RFID、电化学传感器、光学传感器、电学传感器等先进传感技术是实施畜禽养殖精细化管理的重要技术支撑。传感器采集的信息种类见表 4-1 所列。

表 4-1 传感器采集的信息种类

采集信息种类	具体信息
养殖环境	空气温度、CO_2、空气湿度、水温、pH、光照强度、粉尘、有害气体（NH_3、H_2S、SO_2 等）、风速、通风量、PM2.5、PM10 等
生理参数	体温、体重、心率、血液指标等
个体身份	RFID 标签记录的个体信息
活动和姿态	活动强弱、活动量和姿态信息
其他信息	采食量、饮水量、风机等设备运行状态等

4.1.3.2 智慧养殖应用层技术

智慧养殖应用层技术包括嵌入式平台与智能装备、决策平台、养殖业务模型、动物产品冷链物流与溯源，具体内容包括物联网的嵌入式硬件开发平台、养殖信息服务云平台、精准业务建模、信息化冷链运输、基于电子数据交互与电子标签的品质溯源等。应用层的研究重点在于搭建统一标准的养殖物联网总体架构,共享高配置基础设施、高精度感知信息、高效能运算能力,为养殖提供更精准的决策支持、更低廉的远程测控服务。

应用层(应用系统构建)一般由环境信息监控模块、自动喂养模块、畜禽舍清洗模块、农产品销售模块组成。作为接口,应用层的功能是实现物联网与使用者之间的连接,将使用者现实需求与物联网感知、执行分析和传输后的信息项融合,实现物联网在畜禽养殖领域的网络化、信息化、智能化应用。利用边缘计算、物联网平台、云服务及大数据技术对数据进行分析、计算以及反馈控制,从而达到人、物、环境之间的协同,常见的智慧养殖物联网架构如图4-2所示。

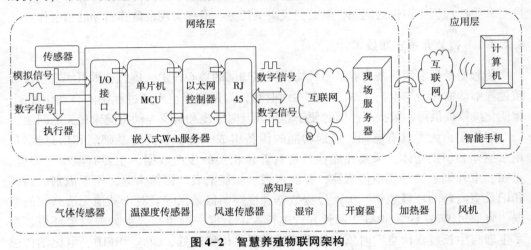

图 4-2 智慧养殖物联网架构

4.2 智慧畜禽养殖(工艺)模式

4.2.1 智慧蛋鸡养殖模式

通常畜禽养殖户主要关心的是饲料、鸡蛋价格等日常生产数据,容易忽略一些更为重要的数据,如产蛋率、高峰期长短、蛋料比、死淘率、鸡蛋成本、防疫间隔、设备周转效率等。这些数据不但能反映全生产周期效益,也能反映某一时期的养殖状况。同时,这些数据在蛋鸡养殖场的量化也是评价员工工作业绩的指标之一,是养殖场进行下一次投入与生产的依据。

传统的养殖场数据化,主要通过饲养人员每天记录,在报表中体现出来,这样的数据化不仅增加了工作强度,且数据易丢失,不易系统化。智能化与数据化是相辅相成的,只有在数据化的基础上,才能实现进一步的智能化;同理,只有进一步智能化,才能更精确地实行数据化。智慧蛋鸡的数据采集系统可以帮助养殖场(户)精确跟踪从投入生产、防疫等各环节全方位的饲养信息,实现鸡群生长指标、生产性能等基础数据的翔实记录;并通过数据分析系统对核心指标进行智能分析,包括与历史同期、本年度上期及品种标准的比较,帮助养殖户准确掌握鸡群生产状况,实现由粗放经营到智慧化管理,提高养殖效率和效益。

在信息化时代,数字化养殖作为推动家禽生态体系演变的重要手段,将成为助力家禽养殖企业实现智慧化管理的主要途径。目前,蛋鸡养殖单栋鸡舍容纳数万羽的规模化养殖模式已成为现代蛋鸡养殖的主流,喂料、饮水、集蛋、清粪、环境调控等关键作业环节实现了自动化,温度、湿度、CO_2浓度、粉尘等环境因子实现了自动检测与调控。此外,蛋鸡生物体本身信息(如体重、体温、运动量等)的智能获取及生物、环境、设备等多源信息的大数据管理与运用,有望显著提升蛋鸡养殖的生产水平和生产效益,进一步提升精细智慧化管理水平。通过建立大数据系统,实时监测鸡舍环境数据、饲喂数据、生长数据等,对生产过程进行数字化管理,实现家禽养殖智慧化发展。

通过精确追溯养殖场(户)鸡群的生产性能,实现对养殖场(户)鸡群投入品种、饲养、防疫等环节的数据化管理,并通过对海量技术数据的智能分析,为养殖场(户)在蛋鸡养殖过程中提供全程的技术指导。基于物联网技术的典型禽类智慧养殖系统架构如图4-3所示。

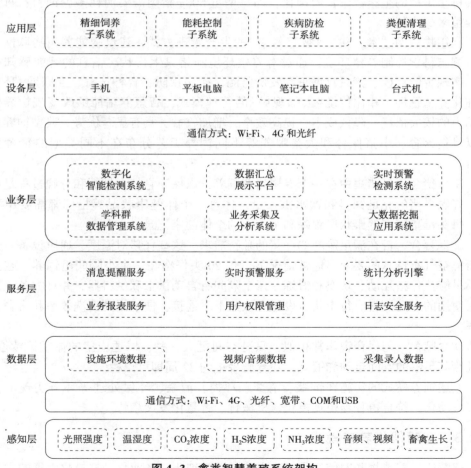

图4-3 禽类智慧养殖系统架构

禽舍内环境信息采集和自动控制系统(感知层):实时监测禽舍内温度、湿度、光照强度、NH_3浓度、H_2S浓度和CO_2浓度等。布置数据监测节点、构建无线传感网络、安装禽舍内自动控制执行机构。通信组网连接(传输层):构建有线通信与无线通信相结合的综合通信组网方式,实现家禽养殖数据的短距离传输与长距离中继功能。禽类智慧养殖应用系统(应用层):由精细饲养子系统、能耗控制子系统、疾病防检子系统和粪便清理子系统组成。禽类智慧养殖信息管理平台:进行数据的采集、存储、处理、分析、接口、运维。借助商业化云平台、云计算技术所具备的海量数据存储和大规模计算性能,支撑远程及智能终端的查询、管理和控制。

4.2.2 智慧生猪养殖模式

目前,我国生猪养殖规模化将是两种主流模式并存。一种是大规模养殖场,如各养殖、农牧集团;另一种是以众多家庭养猪场为特点呈现的养殖模式。无论采用哪种养殖模式,都需要从优质低耗的角度考虑其生产效率。一般而言,判断养殖效率有以下几个重要指标:母猪年产断奶仔猪数(pigs weaned per sow per year, PSY),即每年每头母猪出栏的生猪数量;料肉比,即每增重500g猪肉需要消耗多少饲料;每个人工养殖多少头猪。

利用物联网技术,建立"智慧养猪"的生产管理方式,建设智能养殖物联网,实时监测与科学控制养殖环境,通过对养殖环境和猪只生长状况信息的智能感知与处理,实现智能环控、猪只日增重和发情监测、疾病预防、育种选育、互联网+环保等精细化养殖管理。相比传统"人临现场"的管理模式,智慧养猪能够改变规模养殖对劳动力的较大依赖,降低成本,提高效率,增加收益,具有显著优势。典型饲养模式多以母猪繁育、小猪保育和大猪喂养等不同饲养工艺分布在不同类型的猪舍里面进行。

①母猪舍 母猪集中在一个专用猪舍饲养,以保证它们在妊娠和分娩过程足够舒适。妊娠母猪的充足饲料和饮水摄入量、体重、个体健康状况等指标都需要单独监控。每头母猪都有健康状况跟踪和生产力的个体健康记录。

②保育舍 旨在满足刚断奶仔猪的独特需求。这些仔猪对温度、通风设备、热量和新鲜空气有特殊的要求。通常情况下,每20头仔猪在一个小隔间里饲养。空间的大小足够让仔猪互动、玩耍和锻炼。每个隔间有自动供水和供料器,并且配备该阶段仔猪使用的专配饲料。每个猪舍设置有快速下水连接,便于提高清洗效率和房舍周转效率。

③育肥舍 与保育舍非常相似,只是空间更大一些,以适应猪的体重持续增长,并且给其足够的空间走动和锻炼。在育肥舍里约22周即可出栏。

上述饲养模式的实施在饲喂、清粪、环控、消杀、环保处理等环节实现了机械化、自动化,符合畜牧养殖规模化、机械化、智慧化发展趋势。

4.2.3 智慧奶牛养殖模式

智慧奶牛养殖物联网信息化解决方案,以精细化、产业化、规模化发展的主导模式，构建智慧牛场，利用现代物联网信息技术，将养殖生产过程需要检测或控制的目标进行数字化和可视化的表达、设计和控制，实现牛群体或个体的精准管理。借助RFID物联网技术、人工智能识别技术、区块链技术和大数据平台采集奶牛的产奶量、躺卧行为、反刍行为、采食行为等参数，通过大数据智能算法综合分析，以判定牛身体是否存在异常，对牛疾病和发情、牛采食、反刍和休息等行为过程进行全程跟踪。通过大数据分析平台提供各类分析报表指导生产、协助管理，精准分析牛群饲养价值，进而对每头牛个体提供精准科学决策依据，在整个牛养殖过程中，通过对牛舍环境因素和生产性能进行定量化研究，以日均产奶量代表牛舍的生产性能，构建经济效益模型，对不同饲养环境下调控牛舍奶牛行为变化和经济效益进行研究评价。物联网将为智慧奶牛养殖提供海量的基础数据来源。由大量传感器节点组成的物联网系统，可以实时采集奶牛生长状况和养殖环境等信息，同时，通过奶牛养殖生产、经营、管理和服务领域的物联网技术应用，将会进一步形成"人—机—畜"一体化的奶牛养殖作业体系。

大数据使智慧奶牛养殖的决策更具可预测性。借助大数据清洗与融合技术，收集大量奶牛养殖历史资料数据和实时监测数据，并形成大规模奶牛养殖数据库，同时，利用大数据建模分析技术对奶牛产业大数据进行知识建模，挖掘奶牛生产、流通和交易之间的数据耦合关系，从而为畜牧养殖业有序发展提供全面的大数据解决方案。云计算是实现智慧奶牛养殖市场化的关键。通过奶牛养殖业云设施、云存储、云服务技术的应用，打通奶牛养殖户、合作社和畜牧企业之间的信息壁垒，利用可配置的计算资源共享池优化技术构建奶牛养殖云服务平台，可在信息网络、存储、服务等方面满足奶牛养殖经营主体对于少投入、即得性、便捷性、精准性的多元需求。

智能装备是奶牛养殖业实现"机器替人"的主体。奶牛养殖智能装备的核心是人工智能技术，涉及机器视觉、语音识别、虚拟现实和可穿戴设备等多项关键技术，通过智能仪器设备的研发，形成智能产品，能够多方位融入奶牛养殖管理的各个方面，最终全面代替人工作业，实现奶牛智慧养殖的闭环控制。智慧养殖采用全智能挤奶、喂料和牛群管理系统，减少了人为操作的不便。奶牛场建设将在配套器械、管理系统上逐步实现信息化、智能化，逐步完善全程可视化监控系统、全混合日粮配制与配送系统、全自动清粪与处理系统、综合信息数据化管理平台等，进而实现奶牛场硬件、软件的最佳匹配。

4.3 现代设施养殖智能化

生产过程数据的自动、实时远程、准确真实采集、传输和存储是现代设施养殖实现智联化的基础。所谓生产过程数据等信息的采集包括畜禽舍数据、设备工况、环境参数、饲喂数据、饮水数据、投药数据、产品数据、清粪数据、畜禽生理与动物行为数据等，通过上述参数的实时感知，借助物联网建立大数据系统，通过融合畜禽生长环境、生理、生产过程数据，解析畜禽与其生长环境之间的互作关系，构建畜禽生长舒适度预警模型，通过数据挖掘技术建立现代设施养殖智慧管理体系。

4.3.1 畜禽信息实时感知

借助传感器同步在线监控、感知畜禽养殖过程中的体征行为与生长状态,有利于养殖者、兽医等相关人员及时发现和解决与畜禽健康状况相关的问题。在感知、推理、认知畜禽生命体征行为及行为表达方式,并最终为其提供适宜生存空间的过程中,传感技术发挥着极其重要的作用。畜禽在线监测仪器设备的一个最大特点是生产批量小、应用范围窄、使用寿命长,而对稳定性、可靠性、一致性,以及测量分辨率和精度等的要求又特别高,需要在不断应用中改进制造工艺和提高技术性能。传感器技术是畜禽在线监测仪器设备的基础,其各方面性能是衡量仪器设备好坏的关键,同时也是调查数据质量的保证。但是在长期的观测中,传感器的稳定性、漂移、准确度等指标依然是最重要的部分。畜禽在线监测传感器在畜禽监测、调控领域的应用十分广泛,可测量并提供各种畜禽舍内生态环境要素,如温度、湿度、光照强度和风速/粉尘等畜禽生长要素的原始数据,是畜禽养殖开发领域应用不可或缺的重要数据源。

近年来,设施养殖环境、体征行为和生长过程信息在线检测技术快速发展,GPS、高清摄像头、多光谱摄像机、电子鼻等现代传感技术在畜禽养殖领域的广泛应用,为畜禽精细化养殖提供了关键技术支撑。各类先进感知技术在畜禽养殖领域中的应用情况见表 4-2 所列。在利用传感器检测畜禽信息的过程中,体征信息检测是需要技术突破的难点。光学、声学、电磁学等物理学基本原理在传统检测技术中的应用较多,主要依据被测对象性质和特点不同,选择从 X 射线、可见光到(超)声波等不同电磁波段进行检测,由检测到的物理参量通过模型间接计算反映畜禽体征的生理(形态)参变量。从图像识别、生理监测到声音识别等一系列新型智能传感器使畜禽监测模式由原来的常规周期性应激监测发展到现今的非接触、无应激实时监测,构成了物联网技术在畜禽设施精细养殖领域的核心应用,极大地提高了对畜禽行为的感知能力。借助声音、图像自动识别技术,已经可以非接触监测畜禽体尺、体温、躺卧、采食以及饮水等行为。由于畜禽活体具有复杂的特征,必须在畜禽生长周期的物理表征机理和计量模型上有所突破,才能实现畜禽体征信息的非接触、实时、准确感知。

动物饲养过程基本参数的数字化涉及动物饲养日龄、体尺与体重;日耗饲料、饮水等投入品数据;产蛋数、产奶量等产出数据;粪尿产出量及形态数据等。

畜禽健康生长基本参数的数字化涉及养殖环境参数(空气环境:温度、相对湿度、风速、气体浓度及粉尘含量;光环境:光照时间、光照度及光谱;水环境:饮水量、水温、水质)、动物音视频行为数据(动物发声音频、行为特征)和动物生理参数(体表温度、心率、呼吸率等)。

智慧畜禽养殖大数据应用包括数据挖掘技术的开发;动物生长发育、健康与环境互作模型;精准环控、精准营养及精准免疫等。

表 4-2 畜禽信息感知及其应用

序号	应用	机器视觉(相机)			声音分析	响应面	加速计	GPS定位、低频RFID、超宽频无线射频技术	咀嚼后吞咽的食团	电子鼻	其他
		热成像	3D	RGB							
1	体况评分	乳牛	乳牛	乳牛							乳牛
2	体重		猪、牛								
3	早期发现疾病及跛足	乳牛、家禽、马匹	乳牛	家禽	肉鸡	乳牛	乳牛、猪		乳牛、肉鸡	乳牛、家禽	
4	量化病痛和应激	绵羊、山羊		马	猪		乳牛		乳牛、猪		
5	采食量和采食行为		乳牛	乳牛	乳牛、肉牛、家禽、绵羊、羔羊						
6	饮水量										
7	反刍时间				乳牛			乳牛			
8	发情检测						乳牛、猪	乳牛		羔羊	
9	产奶量及成分			马			乳牛				
10	产犊监测										
11	体表温度	家禽									
12	好斗行为			猪	猪						
13	量化动物福利										
14	放牧管理							牛、乳牛			
15	虚拟防御							乳牛、绵羔羊			
16	心率										牛
17	空气质量									乳牛、家禽、猪	

4.3.2 畜禽养殖智能环控系统

畜禽品种、饲养工艺、生长环境三者共同作用于畜禽的生产性能，是影响畜禽生产性能的三个关键因素。在设施养殖行业中，尽管畜禽品种、饲养工艺趋同，不同国家，甚至是同一国家不同地区的设施畜禽健康和生产力水平却存在较大差异。这在很大程度上是由设施养殖环境差异性所致。如国内外同等规模的养猪场，即使相同类型圈栏中所饲养的生猪品种、养殖工艺基本相同，但我国母猪年产断奶仔猪数（PSY）长期徘徊在 18 头左右，而国外 PSY 最高可达 30 头左右。究其原因，国内引进的猪品种往往要求较高的生长环境温度，以长白猪为例，其最适生长环境温度约为 20℃。而我国各地区外部气候环境差异性大，如果舍内常年保持上述环境温度，则必然需要在夏季增加降温设备、在冬季增加采暖设备，设备投资和运行费用不菲，这使得养殖企业往往难以进行温度精细调控，猪场舍内环境常达不到上述最适温度要求。

此外，设施养殖环境与动物体征信息和行为表达又互为因果且连续变化。生物安全、畜牧环保和畜禽产品质量安全等制约畜禽行业可持续性发展的问题，都与畜禽养殖环境息息相关。为畜禽创造适宜的生长、生产环境，不仅与畜禽本身的健康、福利有关，更关系到畜禽产品数量、质量、农产品安全和养殖场经济效益。实时监测设施养殖舍内生长环境参数的动态变化，实时感知舍内畜禽个体或群体的行为变化，判断其是否满足畜禽福利、生理、健康及生产过程的需求，并借助相应动物的环境、营养、生长及健康模型给出调控决策，为实现畜禽精细饲喂和环境动态精细控制奠定基础。

设施畜禽养殖环境控制技术发展可划分三个阶段：机电一体化时期，其特点是传统感知技术的应用；工厂化农业时期，其特点是专家系统决策、模糊控制等具备学习、推理能力的环控设备应用；智慧农业时期，其特点是畜禽设施精细化养殖乃至无人值守化。随着信息化、大数据技术的快速发展，设施养殖环境精准调控正迎来一个快速发展的契机。人工智能技术将大规模应用，通过感知、学习、推理，准确获取动物自然行为的含义并进行深度感知，使畜禽设施养殖装备具有智能性，真正实现基于"物联网+"的设施养殖精细管理全过程的无人操作。设施畜禽养殖的智能调控是指在解决感知信息获取的可靠性与算法的基础上，在动态变化前提下自动导入获得的设施畜禽养殖多因子数据并同步构建模型，结合传统设施畜禽养殖装备（环控、清粪、采食、饮水等），构建具备精细环控、精准饲喂等功能的智能化养殖设备体系，促进形成基于数据驱动的设施畜禽养殖精细管控系统。在感知层，主要基于温度、湿度、摄像机、拾音器等不同类型的传感器感知畜禽舍内环境参数（温湿度、光照强度、气体浓度等）和畜禽体征行为（声音、体重、体温、运动行为等）；在数据传输层，主要采用无线传输技术将来自上述感知层采集的环境数据、生产过程数据及个体生理、行为状态数据信息远程传输至相对应数据库；在数据应用层，主要是通过嵌入式控制器，依据模型算法对相关数据库信息进行分析决策，自动调控畜禽舍内环境控制设备（风机、光照设备、水泵等）。

数据科学和信息技术在很大程度上提高了人类解决复杂问题的能力，其核心是共享基于可靠获取及存储原始数据的大数据信息系统，将人工经验的试错积累及一线技术人员、管理人员的专业知识数字化，通过历史数据的回溯及结果评判逐步去伪存真，优化模型算法。通过多媒体及触摸屏实现"能说的就不写"的人机交互方式、卡通化的方式，其控制策略便于普通人使用，利用云计算、图像识别、模糊控制等各种智能计算机技术对畜禽生产过程的海量数据和信息进行分析决策，以达到智能精准控制设施养殖环境的目标。

4.3.3　畜禽养殖智能管理系统

畜禽养殖智能管理系统由畜禽精细饲养子系统、畜禽舍能耗控制子系统、畜禽疾病防检子系统和无害化粪污处理系统组成。

4.3.3.1　畜禽精细饲养子系统

畜禽精细饲养子系统包括自动投喂模块和自动投喂设备两个主要模块。自动投喂模块根据不同畜禽的生长模型，结合畜禽个体的体重和月龄等情况，计算该个体（或小群体）的日进食量，分时分量自动投喂。自动投喂设备根据自动投喂模块的分析结果，完成自动投喂控制，当发生异常情况时自动报警。

4.3.3.2　畜禽舍能耗控制子系统

将普通的白炽灯换成LED节能灯，LED照明系统光电转化效率高，LED灯具寿命长、发热低，可以大大降低鸡场能耗；还可防止白炽灯破碎引起鸡猝死；最主要的是LED照明系统可根据禽类生长的光需求特性来选择不同的光色、光强和光周期参数，定制禽类生长所需的最佳光源。安装乳头饮水器，这是一种自动化的供水系统，可以很好地解决普通饮水器易污染、增加饲料消耗、不利于防疫和控制、不利于粪便处理等缺点。

4.3.3.3　畜禽疾病防检子系统

基于视频图像监控技术，将由可变焦摄像头构建的视频监控系统与红外摄像仪结合，对鸡舍内的死鸡、病鸡进行实时监测。可采用基于红色区域提取二值逻辑与运算、基于物体轮廓提取和支持向量机的死鸡探测算法对死鸡进行探测，还可使用红外摄像仪对整个禽舍温度进行监测。

4.3.3.4　无害化粪污处理系统

人工清粪与粪便处理机相结合，建立沼气池对禽舍内的粪便统一管理。发酵充分的家禽粪便，沼气池发酵后的沼渣和沼液是有机食品的理想肥料，沼渣也是一种很好的鱼饵料，这样不仅保护环境，还可变废为宝，实现资源的再利用。同时，沼气还可以用来发电，节约电力资源。

4.4 智慧畜禽养殖系统案例

4.4.1 蛋鸡养殖系统中智能化技术应用

4.4.1.1 蛋鸡智慧养殖环境监测系统

蛋鸡养殖、雏鸡孵化、蛋品存储、蛋品运输分别以鸡舍、孵化器、藏蛋库和运输车为单元，实时监测温度、湿度、光照强度和有害气体浓度等环境参数，通过无线传感网络模块，将远程监测数据传输给应用数据管理模块，根据现场环境参数和视频资料进行分析，科学调节环境参数，为禽畜养殖提供最适宜的环境，实现增产增收。同时通过预警数据配合实施监控系统，远程控制、调节设备运行状况。荷兰某公司的行为监测系统主要针对大型平养肉鸡舍的生产监控。安装在屋顶的多个鱼眼摄像头可监视整个鸡舍，快速检测肉鸡群体的异常行为，并与鸡舍管理软件 Farm Manager 集成，可将异常行为与其他舍内参数（如气象条件、饲料和水的供应及生长等）进行对比，在不利影响产生前通知管理者，提高肉鸡的健康和福利水平。

中国农业大学开发的基于中心计算机和微控制器的密闭鸡舍环境控制系统，上位机软件采用图形化界面，可以模拟不同气候条件、不同鸡舍类型的环境状况，进而分析所选择的不同环境控制系统的性能优劣，并最终给出优化控制方案。此系统中嵌入了模糊控制算法，控温精度达到 0.5℃，风机和补光灯等都可以实现自动控制。嵌入式互联网鸡舍环境监控模型根据鸡本身对周围环境的反应作为鸡舍环境调控的指标，利用摄像系统监控鸡群状况，当鸡舍温度下降，鸡只相互靠拢，鸡群密度增大时，对鸡舍进行加温控制；当鸡舍温度升高，鸡群密度自然降低时，则进行降温控制，从而实现智能化环境调控。根据鸡舍内生产所必需监测的温度、湿度、光照强度、风速和 NH_3 浓度等环境指标确定相对应传感器，提出智慧养殖鸡舍环境监测系统整体方案（图4-4）。

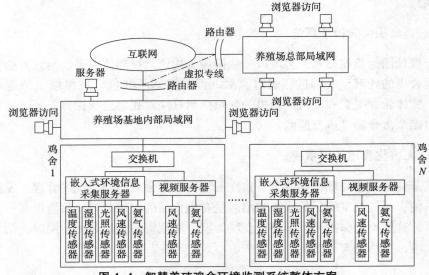

图4-4 智慧养殖鸡舍环境监测系统整体方案

数字鸡舍环境监测硬件系统包括鸡舍环境数据采集子系统和视频监测子系统两部分。

①鸡舍环境数据采集子系统　嵌入式环境信息采集服务器是鸡舍环境数据采集子系统的核心，它具有嵌入式Web服务器功能，通过A/D转换接口直接与采集环境信息的传感器连接，可通过互联网查看鸡舍内部的实时环境信息。每个嵌入式环境信息采集服务器分配一个不同的内网IP地址，联网计算机可以通过访问嵌入式环境信息采集服务器的IP地址实时监控鸡舍内部的环境情况。

②视频监测子系统　鸡舍内部视频信息可通过集成实现嵌入式互联网技术的视频摄像装置完成采集与传输。该系统以嵌入式环境信息采集服务器为硬件核心，传统数据采集的模拟量信号转换成数字量信号传输，可以使数字鸡舍环境监测系统与企业内部的以太网及互联网实现无缝连接。数字鸡舍环境监测系统软件采用Java语言开发，结合了C/S架构与B/S架构的优势，统一在SQL Server 2000关系型数据库基础之上。该系统软件实现了环境数据收集、存储数据库、环境及视频信息实时显示、历史数据查询、生成历史环境参数曲线、用户验证登陆、鸡舍实时监控建议以及新闻发布等功能。系统软件在互联网上发布，授权用户只需要通过计算机的浏览器就能访问，实现远程查看鸡舍内部蛋鸡的实时状态和现场生产情况等功能。

智慧养殖环境监测系统，可以对蛋鸡养殖场的各项环境参数进行实时采集，无线传输至监控服务器，管理者可随时通过计算机或智能手机了解养殖场的实时状况，并根据养殖现场内外环境因子的变化情况下发命令到现场执行设备，保证养殖场动物处于一个良好的生长环境中，提升动物的产量和质量。

智慧养殖环境监测系统具有实时报警功能，当监测到的任何一个参数达到报警条件时，监测软件会提供声音和相应数值闪烁报警，为相关管理人员提供报警提示。支持历史数据查询，可查看过去任一时段养殖场的数据，为某些紧急事件提供数据支撑。

4.4.1.2　禽类智慧养殖信息监测与远程管理平台

实现养殖舍内环境(包括温度、湿度、光照强度等)的集中、远程、联动控制。控制层主要包括温度控制、湿度控制、通风控制、光照控制以及定时喂食和喂水。

禽类智慧养殖信息监测与远程管理平台由养殖ERP管理系统、数据库、养殖环境数据检测软件构成。具体可实现鸡舍环境监控、鸡舍异常预警、鸡舍声音监测、远程确认异常、数据自动分析等多项功能。远程管理平台在巡检过程中，会自动将巡检数据通过无线加密网络传输到系统后台服务器，通过后台软件进行分析处理后得到直观的巡检结果。现场传感器实时数据接入系统后，可以按照系统的标准格式和传输协议自动将巡检数据上传，饲养员可直接在系统中查看、汇总设备信息。结合禽舍温湿度信息、可见视频信息、红外测温信息和声音信息，运用人工智能方法进行深度学习，通过多特征值融合，得出预警等级，平台通过扬声器智能播报等级。另外，根据神经网络、灰度值计算、回归分析等相结合的方式，结合采集的多元感知参数信息，进行疫病和异常信息预测。提前预测发生疫病的可能性，并进行语音播报；结合语音识别技术，完成人机功能对话。

(1) 鸡舍异常诊断

在养殖过程中需要经常聘请专家顾问到养殖场进行诊断和咨询。养殖场一般距城市较远，人员来往经常需要浪费大量的时间和人力，也容易延误病情信息的传递。因此，基于音、视频信息的交互式家禽疾病远程诊断系统应运而生，该系统总体结构、软件总体结构和硬件结构分别如图 4-5(a)~(c) 所示。

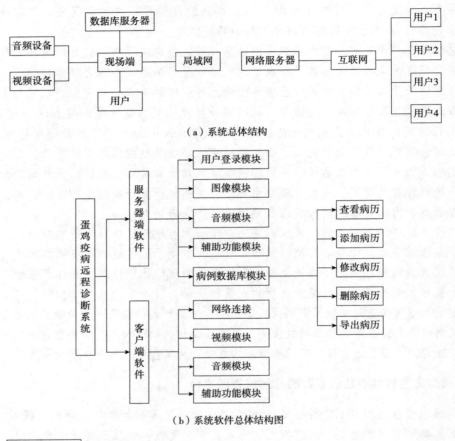

(a) 系统总体结构

(b) 系统软件总体结构图

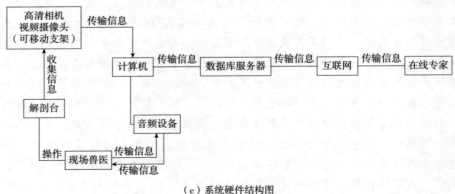

(c) 系统硬件结构图

图 4-5 交互式家禽疾病远程诊断系统及组成

该诊断系统借助于互联网与多媒体信息传输技术，在专家和养殖场终端配置相关设备，实现现场兽医与远端专家的音视频交互，通过文件传输功能，实现电子病历、高清图像、诊断报告等多媒体数据的远程传输。通过图像采集模块，实现硬件触发式获取高清病鸡病理解剖图像，实现专家与养殖人员的实时交互。其中，多媒体摄像系统主要用于向远程在线专家提供畜禽场病鸡诊断现场实景，要求具备声画同步功能；高清相机则用于病理解剖图像的获取。在线专家借助兽医室多媒体摄像系统同步现场实况，并利用现场高清相机获取的解剖图片与现场兽医进行实时互动，在确诊后，开具相应的电子处方并反馈给现场兽医，由兽医存储到病历数据库中。

(2) 鸡舍声音监测

利用数字化信号处理技术，从时域、频域等数字领域量化动物发声的声学特征，以人类熟悉的语义信息将其体现，可以作为分析动物活动状况的一种辅助工具，可以利用其来评估动物的生活环境和动物机体的活跃度。通过在固定和移动装置上安装声音传感器，监听鸡的叫声和呼吸声，发现哮喘声或咳嗽声报警。将采集到的声音进行分析，并提前构建哮喘或咳嗽声音模型库，通过将实时采集到的声音与声音模型库中的声音波形进行匹配来监测鸡的异常。

蛋鸡发声自动检测算法分为声音事件自动检测、特征提取和声音分类三部分(图 4-6)。音频信息获取与传输需具有音频采集模块、音频编码模块、音频解码模块和网络通信模块，同时，后台需要对声音参数进行特征提取、参数比对和实时识别，经过模型训练后给出声音分析的结果。当涉及呼吸声和咳嗽声的采集时，其声音信号较弱，需要给麦克风配置一个可伸缩支架以尽可能接近采集主体。当检测鸡舍某鸡群有异常信息时，把异常信息定位(可以根据人工标定特征编号识别或者根据声音识别来定位)上传到服务器，并及时通知管理员处理。

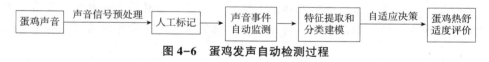

图 4-6 蛋鸡发声自动检测过程

4.4.2 生猪养殖系统中智能化技术应用

智慧养猪系统将猪场的人、猪、设备与场景连接在一起，为猪场提供智能环控、精准饲喂、智能点猪、智能称重、智能查情、智能查膘等智慧服务，对养猪过程中各生产环节进行管理，实现猪只从出生到出栏的养殖全过程可追溯，为猪场生物安全、生产经营保驾护航。

4.4.2.1 养殖管理

实现养殖全生命周期管理，完成对养猪过程中各个生产环节的管理，包括种猪管理、公猪管理、母猪管理、肉猪管理及生产提示等功能。

近年来国内外生猪养殖趋势为养殖户数减少、养殖规模增大，借助信息化管理实现高效率养殖。以母猪饲养为例，荷兰多数猪场采用智能化母猪管理系统，给每头母猪佩戴 RFID 耳标，系统依据耳标自动检索每头母猪的背膘、胎次和胎龄等信息；按照相应的饲喂曲线精确饲喂每头母猪；配置的发情监测器可实现 24h 不间断发情监测，并喷墨标记发情母猪；可结合自动分离器将需要处理的母猪（如发情母猪、临产母猪、生病母猪、打疫苗母猪等）分离到待处理区域，并用颜色分类标记；远程管理系统使管理人员身处异地时也可通过计算机监管猪场信息，一般 400～500 头母猪的猪场只需要配备 1～2 名工人，猪场管理的信息化和现代化水平非常高。荷兰某公司生产的舍内清洗机器人可以对工厂化的繁殖母猪场进行自动清洗消毒，消毒参数可预先设置，具有效率高、消毒幅面依据产房可调、消毒强度可变的特点。例如，饲喂妊娠母猪的传统方式是限位栏饲喂，但是随着电子标识及自动控制技术的发展，尤其在欧美发达国家，为满足养殖模式转型升级的迫切需求，母猪电子饲喂站应运而生。其饲喂的原理是将数十头妊娠母猪饲喂在一个圈栏内，共用一台电子母猪饲喂站饲喂、休息、排泄，甚至求偶等，即圈栏散养。

美国某公司的全自动种猪生产性能测定系统（feed intake recording equipment, FIRE）也利用 RFID 电子耳标的识别技术，能够从猪只群体中识别每个个体，对个体进行日采食量、体重的测定和记录，生成连续的日增重和料肉比，从而为种猪选育提供一个新的重要选择指标。该系统主要优点是测定方法不干扰猪只正常的生活方式，每个测定站可饲养十几头测定种猪，极大地减轻了饲养员的工作量。

德国某公司的母猪群养电子饲喂系统可统计每头母猪访问饲喂站的次数、消耗的料量，或者被系统识别母猪的当前状态等。该系统最大优点是可以跟个人计算机间进行通信，直接将统计数据发送至上位机，管理者通过大农场管理系统软件监测母猪的健康状态，可以尽早发现并处理出现疾病征兆的母猪。

未来猪舍将是全程信息化闭环控制（图 4-7），通过多种信息手段，包括对猪饮水量、采食量、体重和行为、咳嗽及体温的监测，将这些信息输入综合控制平台，并存储到本地数据库，结合控制策略，对通风、加热、饮水、采食等设备进行控制，实现

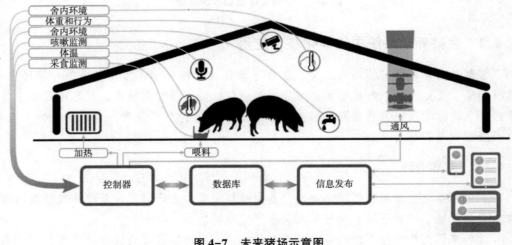

图 4-7 未来猪场示意图

真正的养殖闭环控制,同时将畜禽设施养殖环境中的生理、生产过程及生态等诸多指标,全面实时地记录下来,并用大数据理论来分析处理上述数据,进而掌握畜禽的生存状态,提高环境舒适度,优化其生产过程,增加生产收益。

(1) 种猪管理

包括生产管理(配种记录、妊娠记录、分娩记录、断奶记录、种猪转群、种猪淘汰、生长测定、猪只转后备、后备转种猪、种猪调拨)、育种管理、健康管理、饲喂管理、出入场管理、种猪档案、生产指标等内容。

(2) 公猪管理

包括生产管理(采精记录、公猪转舍、公猪死亡、公猪淘汰、后备转公猪、公猪调拨)、健康管理、饲喂管理、出入场管理、公猪档案、生产指标等内容。

(3) 母猪管理

包括生产管理(配种记录、妊娠记录、分娩记录、断奶记录、寄养记录、母猪转舍、背膘测定、母猪死亡、母猪淘汰、后备转母猪、母猪调拨)、健康管理、饲喂管理、出入场管理、母猪档案、生产指标等内容。

(4) 肉猪管理

包括生产管理(肉猪转舍、肉猪死亡、肉猪盘点、肉猪损益、肉猪调拨)、健康管理、饲喂管理、出入场管理、肉猪档案、生产指标等内容。

(5) 监控母猪发情鉴定及分娩

母猪发情鉴定是养猪生产关键环节,其成功与否与母猪产出直接相关。传统母猪发情鉴定都是将公猪驱赶到母猪身边,发情盛期母猪闻到公猪气味产生静立反射。该项工作费时费力,而且公猪与母猪直接接触容易传播疾病,尤其是当前公猪诱情或查情已不为多数人接受。可以采用公猪性激素或公猪尿液刺激母猪发情或查情,然后再配套视频监测母猪的外阴水肿情况,采用红外线测定体温变化、母猪的运动情况等,收集大量数据,再分析获得母猪的发情模型。后期可以根据母猪的相关症状,结合该模型来智能判定母猪是否发情。这样可以不使用公猪查情,减少人为查情工作量和疾病传播的可能性。使用摄像头及RFID,在临近母猪分娩日期时发出预警,根据视频图片判断母猪具体的分娩时间,并监控母猪产程情况,有需要助产的及时发出预警,保证人工助产及时到位,并自动记录产出总仔数、活仔数、死胎数、木乃伊数等,达到母猪分娩预警及产程监控,提高工作效率。

4.4.2.2 智能化管控

从养猪的源头出发,将养殖期间各个有关流程和批次猪详细生长直至出栏售卖的相关信息记录系统,让生猪养殖信息全流程可视化。溯源信息包括猪进场、检疫、防疫信息、生长环境信息、生长监控视频、饲料兽药信息、饲喂信息、出场信息等。

监控防疫关键位置,保证出入可追溯,监控好猪场的"五进五出",即人员、饲料、药物疫苗、猪只、车辆等。要做好相应环节的防控,除了做好人员、物资、车辆的消毒之外,要保证每个环节不出纰漏,重点环节视频监控必不可少,如车辆洗消中心、猪场大门进出口、饲料车出入点、物质消毒间等处,所有进入猪场的人员、物资、猪只做到可追溯,从而可以根据视频监控的历史图像和数据,不断改进和优化相关流程,确保生物安全执行到位。规模化养猪场通常采用视频监控猪群活动情况,借助猪舍内布设的全方位监控猪群生长状况的视频监控系统,饲养人员可以每天早中晚多次通过视频全面监控猪群各时间段的活动情况,发现异常猪只再到对应位置仔细检查、诊断,做到异常猪只早发现、早治疗和早处理,保证整个猪群的健康。

健康与防疫是养猪的重要环节,做好猪、车、人、饲料、大门、出猪台等猪场风险点的智能化管控,才能更好地实现车辆洗消的具体细节管控,以及人员的换鞋、工服(颜色)管理、洗手管理、人员淋浴、消毒盆出入等的监管,实现猪场生物安全智能管控。

4.4.2.3 免应激生猪体重预估技术研究

体重是育肥猪生产过程中最重要的生产参数之一,它可以提供有关猪只生长状况、饲料配比合理性和健康状况等方面的信息,也可以为调节饲料营养和环境提供重要依据。精准、自动的生猪称重可以提高饲养、育种和销售的管理水平,对育肥猪生长过程中的体重数据进行连续监测有着极其重要的意义。传统的猪体重称量方式是将猪从猪舍驱赶到磅秤、电子秤等称重设备上,整个过程费时费力,同时这种方式还会对猪造成严重的刺激,轻者采食量下降,重者可能造成猪猝死。尽管配备有称重传感器的自动饲喂站能自动获得猪体重,但安装此类设备需要提前改造猪舍,设备价格昂贵,称重传感器易受到污秽的侵蚀,寿命有限。基于图像处理和机器视觉技术的猪体重估测方法具有无接触、快速、自动化程度高等特点,猪的关键体尺或面积可以通过图像识别技术获取,再根据猪体尺与体重之间的数学模型,可以迅速地预估猪的活体体重。

中国农业大学设施农业工程重点实验室研究团队研制出一种预估猪体重的双目视觉系统(图4-8),该系统利用双目视觉技术获取猪体尺,体尺获取过程中仅需标定一次,后续测量不需要参照物,充分使用多个猪体尺和质量之间的关联性,估测误差较小,也解决了猪体尺之间的共线性问题。结合小圈群养工艺和猪的生活习性,在饮水

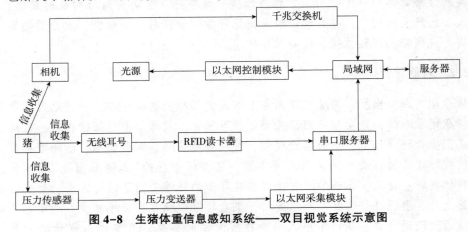

图4-8 生猪体重信息感知系统——双目视觉系统示意图

器处架设双目视觉检测系统,由相机、光源、无线射频(RFID)读卡器、串口转网络服务器、压力传感器、以太网采集卡、交换机、服务器构成。两个 Basler acA1300-30gm 相机,符合 GigE Vision 图像传输标准。摄像机通过互联网将拍摄到的图像传输至服务器;采食的猪只通过无线射频读卡器识别;读卡器获取的串口数据通过串口转网络服务器转化成网络信号;服务器获取猪体图像,定时开关光源,并通过称重传感器实时获取猪体重数据。

采用上述双目视觉系统采集了大量猪体背部图像,并在猪只自由采食状态下测量其体尺,避免猪只应激造成体尺测量误差;使用基于深度图像的轮廓提取算法和改进的体尺测点提取算法,获取32组猪的体尺,与人工测量体尺对比,结果显示猪体尺检测平均相对误差为±2%,所有体尺平均误差小于2cm,体尺检测的精度较高。基于图像处理和机器视觉技术,使用 LabVIEW 视觉开发模块构建双目视觉检测软件,分析自由状态下抓拍的猪只图像,通过提取各个猪只体尺数据,并与人工实测猪只体尺数据进行对比,估算相应系统及测量误差,利用猪体重估测模型,给出猪只体重估算值,评估算法精度。

4.4.2.4 育肥猪智能分群饲喂技术

结合机器视觉检测技术与自动化控制技术,在日常猪只进食阶段,按体型系数的不同,自动将群养育肥猪群中的强猪与弱猪分开饲喂,依据猪只个体生产信息实时调整饲养配方,提高猪群生长整齐度。育肥猪只的分群饲喂主要是针对猪只以肌肉生长为主的育肥中期和以脂肪沉积为主的育肥后期,最终达到均匀生长"整进整出"的目的。

在山东华匠实验猪场进行了基于体型系数判别方法的快速分群系统实际应用验证。猪只每次采食前由分群系统按猪只大小将其分别分到不同的采食区域进行采食,采食结束后再回到原有群体,这样就可以给弱猪创造一个相对适宜的采食环境,减少采食时强猪对弱猪的攻击,同时可以给弱猪加强营养,加快其生长速度,从而提高生长育肥猪出栏时的整齐度,减小猪群体重差异,同时也避免了因为重新建立群体引起的猪只打斗问题。在分群的速度与成功率上,基于体型的判别方法比基于体重的判别方法有着明显的优势,在育肥中期和育肥后期对群体猪只进行分群饲喂可以有效地提高生长效率。

基于育肥猪体重自动分群管理技术开发的育肥猪智能分群饲喂系统,可自动获取和记录育肥猪只在育成与育肥阶段的生长体尺与体重数据。猪只体型系数在反映猪只个体生长性能的规律及在生长过程中用于实时评估个体在群体中的地位等级及强弱具有很好的参考价值。

4.4.3 奶牛养殖系统中智能化技术应用

奶牛养殖系统中的智能化技术包括奶牛养殖环境监测技术、奶牛个体身份标识技术、奶牛个性化精准饲喂技术和奶牛疫病智能诊断技术。随着奶牛科学技术的改进和反刍动物科学研究的持续发展,为了更加智能、高效地监测和记录奶牛行为(采食、反刍、休息、发情等),一系列可以自动记录和度量反刍时长、活动量、采食时长的机械自动化和数字化仪器设备应运而生。迄今为止,针对监测奶牛行为的传感技术主要包括计步器、激光技术、位置控制技术、角度传感器、加速度传感器、压力传感器、压力圆盘、自动图像处理技术等,这类设备通过分析奶牛咀嚼和吞咽声音来记录反刍数据。畜牧生产过程信息数字化反馈控制技术可以根据不同饲养对象提出不同的饲料配方,主要是通过传感器实时监测饲养对象信息(即产量与质量)来自动调整饲料配方,以达到高效增产、改善产品品质的目的。现代畜牧场管理信息系统将挤奶的工作交给机器人指挥,当奶牛产奶时,监控中心会通过安置在奶牛颈部周围的无线设备进行自动识别,并自动检测其产奶量和牛奶质量,同时将相应数据存储。这样一套自动化控制设备能够同时管理60~150头母牛。奶牛挤奶机器人改变了"机器+人"的操作模式,使人力得到彻底解放,实现了养殖业机械化、自动化、信息化。一台奶牛挤奶机器人每天可完成70~80头奶牛挤奶。目前,挪威已有20%~30%牧场使用机器人挤奶,加拿大和日本等国也在逐步推广机器人挤奶。而以色列基于传感器和无线发射技术建立的奶牛发情鉴定技术则代表了"互联网+"技术在养殖业的发展水平和方向。这些技术通过传感器、机电设备、生物信息分析等实现了奶牛乳房炎、发情、肢体病的全天候不间断监测和精细管理,并且可使养殖人员通过手机客户端随时随地进行相关查询和牧场管理云操作。

智能项圈通过多种传感器分析牛只姿态、运动步数等信息,实现对牛只发情等异常的精确判断。智能监测站利用机器视觉技术,借助AI摄像头和边缘计算网关实现牛脸牛背识别,智能识别牛只面部特征及背部花纹,快速精准识别牛只身份,然后将AI摄像头采集的牛只图像信息与AI估重算法结合估测,同时采集牛只行走状态图像数据,对牛只进行智能步态评分,最后通过数字化处理和数据分析计算,实时监测牛只体重变化、体况变化、肢蹄健康状况、药浴情况,为牧场生产管理决策提供数据依据。实时监测网在牛舍内全方位部署24h智能监测设备,监测圈舍内全部牛只及环境状况,向饲养员发送异常预警及任务指令,智能化驱动物联网设备,对牛只爬跨、卧地不起等发情或疾病行为进行监测,并锁定异常牛只,发送给相应的饲养员。同时利用AI摄像头自动识别进场车辆及人员,记录作业时间和频次,提高牧场管理效益,结合智能分析食槽内余食量,对空槽等异常现象及时预警,降低人员巡检成本。智能喷淋利用AI摄像头和边缘计算网关,提取牛只图像信息,判断各栏位是否有牛正在进行采食,准确识别牛只并进行一对一精准喷淋,并联动温湿度指数(temperature-humidity index,TMI),通过物联网平台传输与处理数据,自动启动喷淋系统,并根据温湿度指数的不同调整喷淋频率以降低奶牛在高温情况下产生的热应激可能。

4.4.3.1 奶牛养殖环境监测技术

精细化奶牛养殖就是利用现代物联网信息技术,将养殖生产过程需要检测或控制的目标进行数字化和可视化的表达、设计和控制,实现奶牛群体或个体的精准管理。奶牛遭受热应激时,因体感温湿度过高,机体承受的总热负荷超过了正常活动的产热量,总热负荷大于机体的散热量。为了使机体适应热的环境,奶牛通过改变生理代谢状态和行为来调节机体代谢热量。

奶牛热应激是影响我国奶牛养殖业发展的重要因素，热应激会造成奶牛行为及生理生化指标异常，严重的会造成奶牛死亡。因此，在日常生产中要及早对奶牛热应激进行监测和预判，以降低生产损失。常用的奶牛热应激评判方法有：

①生理生化指标法　是通过测定奶牛的生理生化指标(如心跳频率、血液成分、直肠温度、乳成分以及排泄物成分等)判定奶牛是否处于热应激的反应下。通过采集测量粪便和尿液对奶牛热应激进行评判，其过程对奶牛干扰小。

②行为判别法　是判断热应激状态的方法之一，主要观察奶牛的喘气深度、呼吸频率、采食量以及产奶量等指标，此方法有一定的主观性。

③环境参数法　是奶牛热应激评判最常用的方法，其中研究和应用最广的是温湿度指数评价法，已广泛用于评估家畜热应激状态，但该方法没有包括太阳辐射、风速等气候因子，甚至养殖环境影响因素，因此，近年部分研究者开始探索引入风速和太阳辐射参数修正模型。

为提高奶牛福利，减少夏季热应激的不利影响，每栋奶牛舍中应配备温控风机与喷淋系统。随着舍内温度升高，该系统能够实现风机 1/4 开放、1/2 开放或全部开放；同时可以自动调控风机和喷淋的启闭时间，降低舍内温度，从而提高奶牛夏季产奶量。充分利用科技手段有效监控奶牛养殖环境，是智慧奶牛养殖的基本要求。利用无线传感器网络将实时获取的牧场环境参数传输至云服务端，并通过智能手机、平板电脑和计算机等终端实现环境参数的图形化显示，成为规模化奶牛牧场普遍采用的信息管理模式。

4.4.3.2　奶牛个体身份标识技术

奶牛个体身份标识是实现奶牛行为状态监控、个性化饲养及奶牛疫病诊治、防控的前提和基础。传统奶牛养殖模式中的常见标识技术手段有奶牛身体喷号、剪耳、耳标和项圈等。近年来兴起的射频识别技术已在我国奶牛身份标识中取得了长足发展，可以方便地集成到奶牛的耳标和项圈中使用。随着人工智能技术向畜牧业的不断渗透，包括面部识别、虹膜识别、姿态识别在内的生物识别技术逐渐成为奶牛身份标识的主流技术，这也让奶牛个体健康档案的建立、奶牛生命体征状态的跟踪与预警变得更加准确和科学。

通过牛的智能项圈实现无人放牧和无围栏的智能放牧，通过 GPS 定位等技术实时获取牛的位置使其保持在既定放牧范围内活动。农场主只需要通过手机 APP 等智能终端在其上标出一个围栏，系统就出现一个牧牛的范围。当牛在此范围内活动时，项圈不给牛任何信号；当牛离开既定放牧范围时，项圈会发出声音提示直至牛改变方向。

牛脸采集 SDK 和牛脸识别 API 主要根据奶牛面部五官和花纹特征，通过机器视觉技术智能抓取奶牛正脸图像，识别耳标号，进行个体的识别。牛脸比对应用程序可以智能比对奶牛脸部，支持 1∶1 和 1∶N 比对，准确识别标的奶牛，降低信息采集工作量，提高采集效率。

4.4.3.3 奶牛个性化精准饲喂技术

奶牛的精准化饲喂涉及自动投喂、自动称重、自动分群和饲料余量监测等一系列工作。奶牛个性化精准饲喂技术是奶牛个体识别、多维数据分析和智能化控制的集成应用，通过结合奶牛营养知识、养殖知识及奶牛个体生理信息，借助智能化算法准确推算每头奶牛不同阶段的饲料需求量，并调动饲喂器实施饲料变量投喂，实现个性化定时、定量精准饲喂，满足奶牛不同阶段的动态营养需求。

荷兰某公司研发的 CowManager Sensor 系统通过模型建立，可以实现对奶牛的反刍、采食、休息和活动量进行监测。奥地利某公司的 Smartbow 系统是一种定位跟踪系统，可以实时定位奶牛位置，对奶牛行为状态和活动量进行跟踪，对奶牛疾病和发情进行监测。德国某公司研发的 CowView 系统通过构建虚拟牧场地图，对奶牛所在位置进行定位监测，准确率超过 95%。以色列某公司研发的监测系统 HR Tag 对反刍行为的预测准确率为 87%。巴西某公司研发的 Intergado 监测系统可以对奶牛的采食行为进行监测，系统对奶牛的检测准确率和灵敏度达到 99.9% 和 99.6%。爱尔兰某公司研发的 MooMonitor+ 等可以监测奶牛反刍和采食时长。瑞士某公司研究的 RumiWatch 系统可以对奶牛反刍时长进行监测。

4.4.3.4 奶牛疫病智能诊断技术

在全球生态环境发生巨大变化的同时，奶牛疫病流行态势也变得更加复杂，从最初影响奶牛健康状况，逐步扩大到对奶牛养殖业健康发展等多方面的影响，特别是包括奶牛在内的畜牧动物的重大疫病，已经威胁到全球公共卫生安全和社会经济秩序。现阶段，新一代信息技术已用于奶牛等畜牧动物的疫病诊断中，出现了多种奶牛远程智能诊断系统，可实现奶牛疾病的远程影像诊断和奶牛疾控信息实时获取等功能。通过测量并实时收集牛只的体温、活动度、反刍情况、身体运动方式、步数、步态、姿势、饮食情况等个体信息，采用机器学习、大数据、计算机视觉等人工智能技术结合传感器装置分析出奶牛是否出现生病等反常情况，并将相应信息自动推送给农户，以得到及时处理。可实现 24h 监测奶牛的活动量、反刍量、产奶量及奶质，并通过手机 APP 形式，将记录到的奶牛每日活动量和反刍量数据传输给牧场的配种员和兽医；相关人员可基于此来判定奶牛是否发情、是否生病，从而采取相应措施。同时也可结合相关传感器定期监测奶牛的产奶指标，牧场技术人员基于此对每一头成年奶牛的健康与产奶量进行综合评估。如农户利用热红外成像仪，通过测量小牛眼睛温度来判断牛只是否患有呼吸道疾病。另外，红外热成像法还应用于奶牛炎症早期检测，如足蹄病变、皮炎、乳腺炎等。Azzaro 等（2011）利用数字成像技术建立奶牛体型描述模型，实现对奶牛体况得分的客观评价。谭玫芳等（1996）根据专家知识从奶牛图像中提取了描述奶牛躯体强壮程度特征参数，机器判别取代人工评定。

4.4.3.5 奶牛场生产效率评估方法研究进展

在规模化奶牛场运营管理过程中，对生产效率和经济效益的追求日益凸显，生产效率直接决定了养殖场的经济效益。因此，规模奶牛场生产效率的科学评估，对日常经营管理决策制定具有重要指导意义。

目前国内对奶牛场的养殖评价主要从养殖效益方面开展。周扬等（1996）对我国四种不同规模奶牛场的技术损失率、投入要素贡献率及其影响因素进行研究剖析，发现饲料量的投入对奶牛场技术效率的提高具有显著影响。王善高等（1996）利用 SFA 模型对不同规模奶牛场的环境状况进行效率评价和分析，认为养殖方式、环境调控措施、技术投入等对奶牛场环境效率具有显著影响。赵妍馨等（2018）通过对不同规模水平奶牛养殖场的收益、成本、利润率等进行比较分析，发现大规模养殖场饲养成本和单产水平较中小规模养殖场高。乌云花等（2019）利用随机前沿分析模型对 46 个大小牧场进行技术效率分析，结果显示养殖规模及养殖模式对技术效率产生正向的显著影响。

Adenuga 等（2018）采用非参数数据包络分析（data envelopment analysis，DEA）方法对爱尔兰的奶牛场进行环境绩效评估，将产奶量最大化和氮磷产出最小化作为绩效目标构建模型，结果显示，牧场面积、单位牧草放牧量以及产奶量统计方法是影响环境绩效的重要因素。Siafakas 等（2019）也利用数据包络分析的非参数方法对希腊奶牛场的经济效率进行了分析。

思考题

1. 简述智慧畜禽养殖的内涵、基本特征。
2. 智慧畜禽养殖平台如何实现畜禽舍优质低耗生产？搭建智慧畜禽养殖平台需要获取哪些关键信息？
3. 智慧蛋鸡养殖模式的优势体现在哪些方面？
4. 什么是智慧养猪模式？智慧养猪模式在不同猪舍中有哪些优势？
5. 智慧养牛模式有哪些优势？
6. 试述研制畜禽信息智能传感器的意义。
7. 试述畜禽养殖舍在环境精细调控过程中面临的困难与挑战。

推荐阅读书目

1. 多传感器技术及其应用. 阿勒斯著. 王磊，马常霞，周庆译. 国防工业出版社，2001.
2. 无线传感器网络. 孙利民，李建中，陈渝等. 清华大学出版社，2005.
3. 畜禽福利与畜产品品质安全. 任丽萍. 中国农业大学出版社，2014.
4. 畜禽精准饲喂技术与装备. 蒋林树，陈俊杰，熊本海. 中国农业出版社，2020.
5. 物联网与智慧农业. 李道亮. 电子工业出版社，2021.

第5章 智慧灌溉系统

农业灌溉作为农作物栽培生产过程中的关键环节，对于增加作物产量、提升品质起着决定性的作用。传统的粗放型灌溉不仅给作物生长带来不利影响，而且在很大程度上造成了水肥资源的浪费。美国、加拿大等发达国家很早就将先进的电子信息技术和计算机自动化控制系统技术应用于节水和灌溉领域，其控制系统已趋于成熟，从最初的机械控制、液压自动控制，到后来的机电一体化控制，再发展到广泛应用的神经网络控制和模糊自动化控制，其控制的精度、稳定性和技术智能化程度都越来越高，操作也越来越简单。智慧灌溉是将农田水肥灌溉与信息技术、人工智能决策等相结合，能够根据作物生长状况及土壤湿度等，将水与配方肥料充分融合，依据作物的生长需求实施灌溉管理。智能化灌溉在提高水肥资源利用率、节约资源的同时，大幅减轻劳动强度，提升经济效益。

5.1 土壤墒情监测系统

土壤墒情，是土壤含水量和土壤相对湿度状况，既可用土壤中水的质量占烘干土重的百分数表示，也可以用土壤含水量相当于田间持水量的百分比，或相对于饱和水量的百分比等相对含水率表示。土壤含水量(soil moisture content，SMC)影响土壤的理化过程，参与全球生态、环境、水温和气候变化模式。土壤含水量也是约束土壤养分状况的关键因素及影响精准农业和智慧农业发展的重要因素。

在实施可持续土壤管理实践时，了解土壤含水量的空间分布对于确定土壤墒情监测和土壤水盐运移的区域至关重要。及时准确获取土壤墒情空间分布信息，对于实现因地制宜、适量适时灌溉，提高用水效率具有重要现实意义。目前我国生态农业已经呈现出规模化、大型化、专业化的发展趋势。生态农业对环境的要求较高，节水灌溉的生态效应越来越受关注，因此，快速准确地监测土壤含水量和土壤温度等指标是及时进行农田墒情分析、指导农作物节水灌溉、保障粮食安全和作物高效生产最重要的基础工作之一。《2021年世界粮食和农业领域土地及水资源状况》报告指出，土壤及水资源生态系统正面临巨大压力，水资源短缺已危害全球粮食安全和可持续发展。我国对于水资源高效利用的需求也愈发迫切，农业用水总量占据经济社会用水总量高达60%左右，急需发展节水农业。2020年农业农村部种植业重点工作提出将"测墒节灌"作为农业节水工作的重点任务，土壤墒情监测系统的研究与推广应用具有重要意义。

5.1.1 土壤墒情监测方法

土壤墒情信息的采集是实现节水灌溉的基础,随着信息化浪潮的到来和无线网络技术的发展,土壤墒情监测方法越来越丰富,准确性和稳定性不断提升。

5.1.1.1 直接测量法

目前土壤含水量直接测量方法种类较多,在生产和科研中应用较多的主要有称重烘干法、中子测量法、张力计法、介电法等。称重烘干法测定土壤含水量准确可靠,被认为是国际标准方法,是其他方法的参考标准。但土样需在105~110℃高温下烘干超过12h形成干土,通过测量干土与原始土样质量差得出土壤含水量,操作烦琐、数据获取滞后、采样难度大,且取样破坏性强。中子测量法是仅次于烘干法的另一标准方法,通过测定慢中子云的密度与水分子间的函数关系来确定土壤水分含量。介电法是应用最为普遍的一种测量方法,它对水分敏感性强,受土壤的容重、质地影响小,操作便利,测量效率高,被认为是最理想的测量方法。该方法利用被测介质中介电常数随含水量变化而变化这一原理来测定土壤含水量,主要包括频域反射法(frequency domain reflection,FDR)、时域反射法(time domain reflection,TDR)、驻波比法(standing wave ratio,SWR)等。随着计算机技术与通信技术的迅速发展和完善,人工监测的方式逐渐被自动监测方式取代。TDR测量法能快速准确地在线监测土壤含水量,被普遍认为是最有效的土壤墒情监测手段。

表5-1是基于不同测量方法制成的土壤水分自动监测仪的操作应用对比,各监测仪在稳定性及操作便利性方面均显著优于称重烘干法,但是由于测量原理有所不同,各方法的测量结果有所不同。

表5-1 基于不同测量方法的土壤水分自动监测仪对比

仪器型号	土壤水分测量方法	价 格	可操作性及精度
TDR300	TDR	较昂贵	操作较复杂,测试结果受土壤电导率影响明显,需要进行严格标定
C-Kit	SWR	较低	操作简单,测试结果受土壤类型和电导率影响较小,中低盐土可不标定
EnviroSCAN	FDR	相对较高	通过一根安装在土壤中的套管进行测试,套管和周围土壤孔隙对测试结果影响较大,对现场安装要求非常严格
Z100	FDR	较低	监测数据与称重烘干法相差很小,长期测试性能稳定,现场安装方便

分析发现,依据不同监测方法研制的土壤水分传感器获得的土壤墒情数据基本均在称重烘干法获取值附近上下波动。在0℃以下的浅层土壤中,受冰冻影响,基于介电原理的土壤水分监测方法,均不能准确监测冻土内的水分含量。以北京为例,冬天结冰土壤深度一般不会超过40cm,传感器不受冰冻影响,可以正常反映土壤水分情况。

5.1.1.2 土壤墒情反演方法

随着卫星遥感技术的飞速发展，特别是越来越多的高空间、时间分辨率数据卫星投入应用，遥感数据提取地表信息及相关参数的技术和方法不断完善，多时相、多光谱、高光谱遥感数据反映了大面积的地表信息，这些信息能够从定位、定量方面反映土壤水分状况。利用遥感反演土壤墒情已成为一个主流的研究方向。作为研究土壤含水量的重要方法之一，遥感技术具有实时、范围大、成本低等优点，可以对大范围土壤墒情进行快速监测，有效克服传统监测方法费时、费力且不能反映土壤墒情在时间和空间上变化的不足，是目前土壤墒情监测的新途径。其中，以微波遥感和无人机遥感应用最为广泛。微波遥感是指传感器的工作波长在微波波谱区的遥感技术，是利用某种传感器接收地理各种地物发射或者反射的微波信号，借以识别、分析地物，提取地物所需的信息。微波遥感具有全天时、全天候的监测能力及对云、雨、大气较强的穿透能力，尤其是主动微波遥感中的合成孔径雷达，后向散射系数对地物的几何特征（如地表粗糙度、介电特性）非常敏感，广泛应用于土壤含水量的研究中。无人机遥感技术，即利用先进的无人驾驶飞行器技术、遥感传感器技术、遥测遥控技术、通信技术、GPS差分定位技术和遥感应用技术，能够实现自动化、智能化、专用化快速获取空间遥感信息，且完成遥感数据处理、建模和应用分析的应用技术。无人机遥感技术的推广，使得大尺度、高效率地获取土壤含水量信息成为可能。

利用遥感监测土壤墒情的原理：①基于土壤含水量的变化会引起土壤的光谱反射率发生变化；②基于土壤含水量的减少引起的植物生理过程变化，从而改变叶片的光谱特征信息，由此可显著地影响植物冠层的光谱反射。土壤墒情的反演主要有热惯量法和植被指数法。

(1) 热惯量法

土壤热惯量是土壤的一种热特性，它是引起土壤表层温度变化的内在因素，与土壤含水量有密切的相关关系，同时又控制着土壤温度日较差的大小，而土壤温度日较差可以由卫星遥感资料获得，从而使热惯量法研究土壤湿度成为可能。热惯量法监测土壤水分状况相关研究开展较早，核心是热惯量模型的确定。遥感法计算土壤热惯量主要通过求解地表热传导方程来实现，在此基础上发展了多种热惯量模型，这些热惯量模型所需参数各不相同，表达形式多种多样，但其核心都是通过地表能量平衡方程来实现的。该方法对于裸土区域反演的土壤墒情的计算精度较高，随着植被覆盖度的增加，计算精度随之降低。

(2) 植被指数法

当人们用不同波段的植被-土壤系统的反射率因子以一定的形式组合成一个参数时，发现它可以突出植被信息，抑制其他目标信息，同时它与植被特性参数间的联系（如叶面积指数），比单一波段值更稳定、可靠。这种多波段反射率因子的组合统称植被指数（或植被光谱参数）。植被冠层可反映植被的生长状况和健康状况，其光谱特征在不同土壤水分胁迫条件下表现出差异。植被指数法是利用植被指数与土壤墒情建立关系模型。高光谱遥感技术的发展促使土壤含水量遥感反演技术算法表现出多样化。由于地表多有植被覆盖，估算土壤含水量时多采用植被指数模型进行计算，或者以裸土为基础进行估算后再修正。常用的植被指数估算方法有条件植被指数法、距平植被指数法、条件植被温度指数法、植被供水指数法等。植被指数法对于植被覆盖区域反演的土壤墒情的计算精度较高，随着植被覆盖的减少，该方法的计算精度随之降低；与热惯量法结合能够更加准确地反演不同生长期作物的土壤墒情。

5.1.1.3 土壤墒情预测方法

20世纪70年代欧美国家就有学者开始对土壤墒情预报进行研究。常用的土壤墒情预测方法有经验公式法、土层水量平衡法、土壤水动力学法、概念性模型、机理模型、随机模型、BP神经网络模型、RBF神经网络模型等。深度学习也用于土壤水分估算，深度学习通过多层非线性变换对高度复杂度数据建模，相比于浅层神经网络算法，其泛化能力更强、精度更高。机器学习的应用提供了较为理想的光谱建模方案，大大提高了模型的预测精度和鲁棒性。集成学习作为机器学习的重要领域，在机器学习和数据挖掘研究中备受瞩目。以随机森林为代表的估算模型，以梯度提升回归树和极端梯度提升等算法也逐渐应用于土壤墒情预报中，用来预测农业表层土壤含水量的空间分布，进一步为精准农业提供科学方案。

土壤墒情预报中，可能会出现因自动墒情监测站数据异常和缺失造成土壤墒情适宜度判断错误，这在关键农时将会影响后续的农事操作，因此需要对异常和缺失数据进行校正和插补。土壤墒情数据呈现复杂的非线性关系，利用普通线性模型很难进行模型拟合，而深度学习在面向海量、复杂、无明确关系的大数据拟合算法中表现出优势，其中，循环神经网络和卷积神经网络分别用作提取时间序列特征和提取网格图像高维特征，来构建校正插补模型，确保数据的准确性和完整性。

5.1.2 土壤墒情监测系统

土壤墒情信息采集是实现节水灌溉的基础，土壤墒情监测与预测的自动化、信息化已经在世界范围内受到广泛关注。目前，国内外已经开发出很多用于土壤墒情监测的系统，不同的监测系统由于测试原理及设计结构不同，应用性能存在差异。以下对土壤墒情监测系统进行介绍。

5.1.2.1 便携式土壤墒情采集器

便携式土壤墒情采集器是轻小便捷的手持设备采集器，可以采集土壤含水量和土壤温度值。其利用频域(FD)阻抗法土壤水分传感器检测土壤水分，数字温度传感器测量土壤温度，结合无线通信和GPS等技术，实现测定点的土壤温湿度与位置的即插、即测、即存和即发等功能。使用时只需将插针式墒情传感器和温度传感器插入待测土壤中便可测得土壤含水量和温度数据，经单片机处理后实时显示并存储，可将数据通过蓝牙发送至手机或通过GPRS网络传输至PC上位机，整体功能方案如图5-1所示。

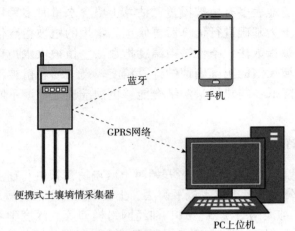

图 5-1 便携式土壤采集器整体示意图

由于传感器主要在户外工作，需自带电源，采用低功耗设计。便携式土壤墒情采集器主要包括主控 CPU、电源模块、传感器电路（土壤水分传感器、土壤温度传感器）、数据采集控制电路、无线通信电路、显示电路、存储电路和按键输入电路，具体结构如图 5-2 所示。主控 CPU 为 STM32 系列单片机，土壤温度传感器采用数字温度传感器 DS18B20。

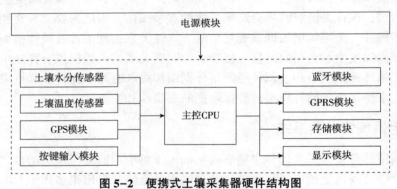

图 5-2 便携式土壤采集器硬件结构图

5.1.2.2 土壤墒情监测预报系统

(1) 基于 ZigBee 无线网络的土壤墒情监控系统

ZigBee 技术是一种低成本、低功耗的近距离无线组网通信技术，具有自组网、自愈和、多组网方式及三级安全模式等优点，为无线网络的建立带来方便。胡培金等设计的基于 ZigBee 无线网络的土壤墒情监控系统可实现墒情的自动监测及基于墒情的灌溉控制，整个监测和控制的过程均为无线化。

基于 ZigBee 的无线土壤墒情监测系统由网关节点（协调器）、功能节点（路由器）组成，如图 5-3(a) 所示。协调器和路由器统称为全功能设备。协调器负责选择初始通信信道，初始化网络配置并接受子节点加入网络，它还拥有路由器的全部功能。一个网络只能有一个协调器。路由器用于在节点间传递数据包,并允许子节点加入。其系统工作原理如图 5-3(b)所示,协调器节点负责建立网络和配置网络当中的各种参数,路由器节点负责上传自身或其他节点向协调器发送的数据包。

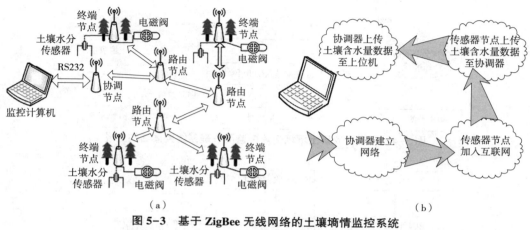

图 5-3 基于 ZigBee 无线网络的土壤墒情监控系统
(a)系统结构 (b)系统工作原理

(2)基于 GPRS 的土壤墒情集中监测管理系统

为了获得农田的土壤墒情信息,要综合考虑该地区的土壤特性、作物分布、地势等因素,选择有代表性的采样点。这些采样点一般数量多、分布广,很难通过敷设线路方式进行数据通信。因此,可采用覆盖广泛的 GPRS 网络实现系统数据的交互,以实现遥测站与中心站之间一点对多点的无线通信,尤其适合交通不便、遥测站分布广的情况。

①分布式农田土壤墒情集中监测管理系统 是一种管理集中、控制分散的递阶系统,通常比单个的大型集中式系统具有更好的性价比。以张歌凌(2014)研究的分布式农田土壤墒情集中监测管理系统为例,其主要由土壤墒情监测点、农田土壤墒情监测站、集中监测中心、通信网络等组成,系统整体结构如图 5-4 所示。系统中农田土壤监测站与集中监测中心采用 C/S 架构设计。该系统在每个监测站周围 50m 处均匀设置 4 个监测点,以克服单点监测的随机性误差,可以有效提升测量的准确度。考虑到监测点节能、数据量不大等因素,农田土壤监测站与土壤墒情监测点之间采用 ZigBee 无线网络进行数据通信。根据系统设定,农田土壤墒情监测站定时向监测点发送测量指令,并接收监测点返回的土壤墒情数据,将监测站 ID、采集时间、土壤墒情等数据按照规定的通信协议打包,再通过 GPRS 网络与集中监测中心建立的 TCP/IP 网络连接上传。集中监测中心可设置为自动获取数据,还可按设定的时间间隔设定采样频率,实现连续或者动态监测土壤墒情数据。由于 GPRS 网络是基于 IP 地址的数据分组通信网络,集中监测中心主机需要配置固定公网的 IP 地址,各农田土壤监测站使用 SIM 卡接受农田土壤墒情预警信息。

系统的农田土壤墒情监测站、监测点共用同一个硬件平台设计,采用控制器 MSP430F149 作为监测站的核心,主要由 ZigBee 收发器 CC2530、土壤水分传感器 FDS100、GPRS 通信模块 SIM300C、太阳能电池板、蓄电池、电源管理等单元组成(图 5-5)。

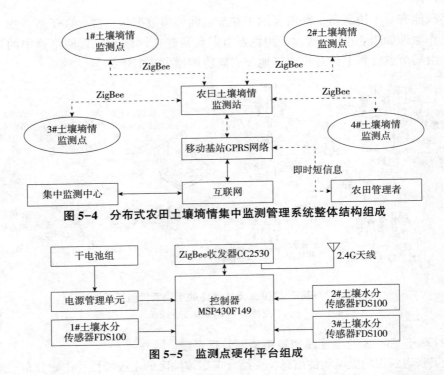

图 5-4　分布式农田土壤墒情集中监测管理系统整体结构组成

图 5-5　监测点硬件平台组成

该系统采用节能设计，采用太阳能电池板联合蓄电池进行发电蓄电以给系统供电，即使遇到阴雨天，蓄电池的容量也可以维持整个系统运行 1~2 周。

②基于北斗卫星与 GPRS 的土壤墒情监测系统　北斗卫星除具有快速定位、实时导航功能外，还可实现简短通信，可为各行业提供远端设备位置监控、授时和北斗卫星短报文数据传输服务，适用于在移动通信网络信号不佳时，为传感器等提供物联网卫星通信链路，已用于农田土壤墒情监测中。胡春杰等（2021）设计的基于北斗卫星与 GPRS 的土壤墒情监测系统，将土壤水分传感器采集的数据通过北斗卫星与 GPRS 传输至中心站，北斗卫星为主信道，GPRS 为备用信道，实现主、备信道自动切换功能，进行多信道多协议土壤墒情监测传输、显示、查询。系统主要组成有土壤水分传感器、主控板（STM32）、通信单元（北斗卫星与 GPRS）、中心站及供电单元，各个单元相互协调运作，系统总体架构如图 5-6 所示。

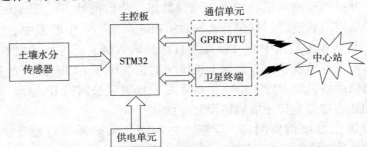

图 5-6　基于北斗卫星与 GPRS 的土壤墒情监测系统总体架构

在土壤墒情遥测终端机通信单元内置 GPRS 无线通信模块和北斗卫星通信模块。现在我国使用的主要是同步卫星通信系统，在公网覆盖不到的地区可以选择北斗卫星通信系统传输监测短报文。进行多信道多协议土壤墒情监测传输、显示、查询，能够及时、全面、真实地反映被监测区的土壤含水量状况及变化，解决了公网无法覆盖、通信困难的问题，为抗旱减灾工作提供技术支撑，具有良好的推广前景。

(3) 基于窄带物联网技术的土壤墒情智能监测系统

窄带物联网(NB-IoT)是物联网领域的一个新兴技术，具有覆盖范围广、支持设备连接能力强、低功耗、低成本的优点。它支持低功耗设备与广域网的蜂窝数据连接，应用于土壤墒情监测系统，实现土壤中温度和含水量数据的采集、存储、传输和应用管理功能，为偏远的农业和林业园区土壤墒情远程智能监测提供一种低成本的解决方案。

杨卫中等(2019)以介电法为基础，采用基于高频振荡电容测量法设计多深度土壤水分剖面传感器，设计出基于 NB-IoT 的土壤墒情监测系统。王国杰等(2021)也开发出一种土壤墒情远程智能监测系统，实现了土壤墒情数据的实时采集及在无线通信网络中高效传输。该系统结构包括传感器感知层、数据传输层和应用管理层，系统架构如图 5-7 所示。传感器实时采集土壤温度和湿度数据，并在本地进行存储；通过 NB-IoT 将数据传送到数据管理云平台；云平台应用数据管理系统对检测上传的数据进行处理和分析。该系统的传感器数据采集模块以 STM32 为应用控制核心，包括传感器模块、GPS 模块、电源模块、存储管理、应用接口和外围控制电路等；无线通信 NB-IoT 模块主要实现传感器数据的传输功能；云平台应用管理软件包括 PC 端应用管理软件和移动端应用管理软件。系统采用低功耗设计，硬件数据采集节点以 STM32 系列嵌入式单片机为核心，由电源、定位、震动传感器、扩展接口、温湿度传感器、NB-IoT 无线通信等模块组成。监测系统进行了应用试验测试，传感器数据包在无线网络中传输延时响应时间小于 1.7s。云平台应用组态管理软件实现传感器数据采集、存储及应用管理等功能，软件功能模块运行正常，数据查询时间小于 1s。

(4) 基于云原生技术的土壤墒情监测系统

云原生技术是在云计算环境下构建用于部署动态微服务应用的软件堆栈，通过将

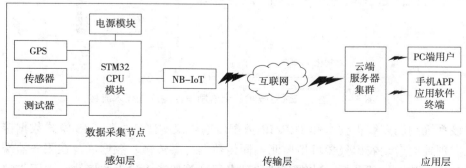

图 5-7 基于窄带物联网技术的土壤墒情智能监测系统硬件架构

各组件打包到容器中,动态调度容器以优化云计算资源利用率,该技术具有敏捷开发、性能可靠、高弹性、易扩展、故障隔离和持续更新等特性。相比于传统的 Web 架构,云原生技术能够保证系统更加稳定可靠运行,为用户指定了一条敏捷的、能够以可扩展、可复制的方式最大化地利用云的能力、发挥云的价值的最佳路径。云原生的关键技术包括容器、服务网格、微服务、不可变基础设施和声明式 API。

土壤墒情数据感知的核心任务是农田多层深度土壤水分的自动采集与相关属性及数据的在线化服务,形成连续、准确、可靠的土壤墒情大数据。适配云计算特性的云原生技术,可利用微服务架构和容器技术构建灵活的开发模式并提升计算资源利用效率。其中,微服务是一种新的架构模式,将单一应用程序划分成一组小的服务重塑了面向服务架构模式,通过服务之间相互协调与配合,为用户提供最终价值。土壤墒情监测系统功能模块多、业务功能复杂,应用微服务架构可避免传统的开发模式需要统一开发环境、开发语言、部署环境等各类要素的要求,提高开发效率。容器化技术是一种轻量级的虚拟化技术,通过操作系统内核的能力,对每个进程的资源使用(包括 CPU、内存、硬盘 I/O、网络等)进行隔离,是一种得到广泛认可的服务器虚拟化资源共享方式,具有可移植性和一致性。其可以按需构建容器技术操作系统实例的特性,为系统管理员提供极大的灵活性。

于景鑫等(2020)设计开发出基于云原生架构的土壤墒情监测系统,系统的技术流程如图 5-8 所示。该系统采用物联网自动设备监测、深度学习模型校正插补和跨平台数据协同获取专题数据相结合的方式,构建土壤墒情数据感知技术,实现土壤墒情在线监测与多源数据融合。

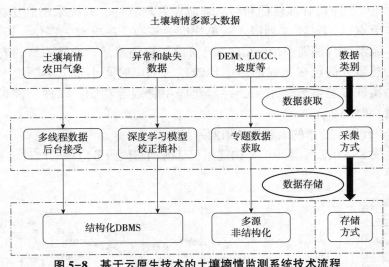

图 5-8 基于云原生技术的土壤墒情监测系统技术流程

该系统利用多线程技术和 TCP/IP 数据传输协议构建独立的 C/S 模式数据接收后台,实现地面自动农田气象墒情监测站回传数据可靠传输。数据后台在服务器端实现数据解析、数据处理分析、数据存储和日志记录等功能。除土壤墒情、农田气象数据外，需要整合非传感器实时快速获取的专题数据，系统提出构建多源异构专题数据获取机制。针对行政区边界、数字高程模型、土地利用类型、坡度等不同格式的地理信息系统空间数据，通过 GIS 数据共享网站获取并统一存储于数据库中。云计算框架下以微服务、容器技术为核心的云原生架构进行面向全国的土壤墒情监测系统的设计与研发，兼顾成熟开发方案配置和最新技术特性，保障系统的可靠性、先进性和动态扩展性。

5.2 水肥一体智能化装备

随着现代农业技术的进步，农田灌溉正向精量灌溉的方向推进。水肥一体化技术是当今世界公认的一项高效节水节肥农业新技术，是将灌溉和施肥融为一体，通过管道灌溉系统把水溶性肥料均匀、准确地直接输送到作物根部，适时适量地满足作物水肥需求的现代农业新技术，具有节水节肥、提高水肥利用率、提高作物产量、改善土壤环境等优点。作为发展高产、优质、高效、生态、安全现代农业的重大技术，以及建设资源节约型、环境友好型现代农业的"一号技术"，水肥一体化技术的应用和推广是实现农业可持续发展的关键。水肥一体化技术在水资源贫乏的国家使用较多，且使用规模巨大，目前以色列有90%的灌溉区运用了水肥一体化技术。我国为贫水国家之一，水肥一体化发展较晚。水肥一体化技术在我国有较大的发展空间，从实际推广应用上看，水肥一体化技术能将蔬菜、果树等经济作物的肥料利用率提高50%以上，节肥30%以上，增产10%~50%，并使果蔬品质有明显提升。多年实践证明，水肥一体化是"控水减肥"的重要途径。

随着计算机网络和通信技术的发展，水肥一体化技术也向智能化方向迈进。水肥一体智能化技术是指农田水肥灌溉与信息技术、人工智能决策等相结合，根据作物生长状况和土壤湿度等，将水与配方肥料充分融合，将肥料混合溶液均匀、定时、定量或按需运送到作物根部的一种较为先进的技术。该技术在提高水肥资源利用率、节约资源的同时，大幅减轻劳动强度，提升经济效益。随着水肥一体化技术的发展，灌溉控制系统也应运而生。美国是目前世界上施肥灌溉面积最大、自动化程度最高的国家之一，温室大棚的经济作物在灌溉中几乎全部使用水肥一体化技术，另外还不断研发新型的水溶肥料、水肥系统控制装置，已建立了比较完善的水肥一体化管理服务系统，使施肥与灌溉更加精细化、智能化，已成为世界全自动化控制管理体系的代表。以色列从1960年开始普及灌溉施肥技术并建成了用于灌溉施肥的管网系统。一直本着"只给作物喝水施肥，而不是土地"的灌溉原则，经过几十年的努力，以色列创造了从"沙漠之国"到"农业强国"的奇迹。除美国、以色列外，水肥一体化在荷兰、日本、西班牙等国家也发展较快。各国的水肥一体化技术不断升级发展，各种与水肥一体化相配套的施肥灌溉设备和控制设备也得到较大的提升，水肥控制与管理也日益完善，每个国家都不断加大灌溉管理系统的研发，部分发达国家已经形成了完善的灌溉管理决策和灌溉管理服务体系，灌溉与施肥实现全自动化控制。

5.2.1 水肥一体化设备

5.2.1.1 水肥一体化设备分类

水肥一体化系统包括进水通道、吸肥通道、混肥系统和水肥混合液输出通道，实现不同类型单元素液体肥料的水肥混合和稳定输出。

(1) 根据肥料通道分类

①单通道水肥一体化设备　主要是针对作物需肥简单，用于单一肥料来源设计开发的小型自动或智能灌溉施肥机，只有一个吸肥通道，结构紧凑、便于拆卸、操作简便、价格低廉、故障率低，可满足单体温室或大田作物的应用，农户易掌握，推广面积大。

②多通道水肥一体化设备　针对作物在不同生育期需肥不同，能够及时调整肥料成分而开发的大中型灌溉施肥机。具有多个吸肥通道，可设定配比比例，启动程序和系统自动配比。肥料需是可溶性的，各组分配制溶解液储存在储液桶，通过管道连接对应吸肥通道，进入灌溉施肥机配肥，随水进入田间。这种设备需要专业技术人员操作，根据不同的控制策略自动或智能运行。

(2) 根据是否循环利用肥液分类

①开放式水肥一体化设备　是针对溶解肥料或营养液不回收的水肥一体化系统开发的灌溉施肥机。无回收系统和过滤消毒净化系统，多用于土壤栽培或不做回收系统的基质栽培。

②封闭式水肥一体化设备　是针对溶解肥料或营养液可回收的水肥一体化系统开发的灌溉施肥机。需要做回收系统和过滤消毒净化系统，多用于水培、雾培或有回收系统的基质栽培。水肥利用率高，是一种可以实现零排放的水肥一体化系统。

(3) 根据肥料和水源的配比方式分类

①机械注入式　是指在灌溉时，采用人工、泵、压差式施肥罐或文丘里施肥器等装置将肥料倒入或注入直接灌溉田间的小水渠或管道中，随灌溉水施用肥料。

②自动配肥式　是指在灌溉配肥时，根据作物的灌溉施肥指标或阈值，设定肥料配比程序，通过文丘里施肥器或施肥泵，采用工业化控制程序，控制电磁阀，实现肥料的自动配比，是目前常用的自动化配比方式。

③智能配肥式　是根据作物生育期施肥需水特征的不同，耦合生产区环境因素构建智能决策模型，经过计算机运行计算，智能判断控制系统执行水肥一体化设备系统完成灌溉施肥。近年来，采用养分原位监测技术采集到的作物土壤的养分水分信息，对决策模型的参数进行适时修正已经成为重要的研究方向，也是将来水肥一体化系统智能化程度的重要评判依据和未来水肥一体化应用的重要方向。

(4) 根据灌溉施肥机的控制决策分类

①经验决策法　完全凭借生产者或管理者在长期工作中积累的经验以及解决问题所形成的惯性思维方式，对具体作物生产过程中水肥施用时间和用量进行决策判断。

②时序控制法　一般根据当地的土壤类型、气候和作物的生长状况等实际情况，

由管理者或用户对灌溉和施肥的启动及关闭时间进行提前设定，从时间尺度上控制水肥用量。

③环境参数法　通过采集光照辐射积累量、土壤含水量等环境信息，依据对作物生长具有重要影响的某一环境参数控制水肥的施用时间及用量，在控制程序中设定阈值，也有将多个关键环境参数进行耦合而实现水肥控制的方法。

④模型决策法　根据不同作物的水肥需求特征，构建基于物联网技术的灌溉施肥模型，采集田间作物生长信息和环境信息，经过运算形成水肥管理决策，智能控制灌溉施肥机运行配肥和田间灌溉动作，这是最高级的控制决策方法之一，也是智能水肥一体化设备的重要体现。

(5) 根据灌溉施肥的运行方式分类

①固定式施肥机　将灌溉施肥机安装在固定的地点，专门建造设备房，配套安装砂石过滤、反冲洗过滤系统，对水质要求高的还可以安装净化水装置，通过管道网进入田间。

②移动式施肥机　将灌溉施肥机安装在大型移动喷灌机上，随着喷灌机的移动进行灌溉施肥。也有将灌溉施肥机安装在卡车上，分片区操作可减少管道的敷设或减少安装施肥机的数量。移动式施肥机适合于面积较大的种植作物，具有一次性可灌溉面积大、工效高、可利用的范围广、实用性强、节约成本的特点，更适合于规模化种植基地。

(6) 根据肥料形式分类

①无机水肥一体化系统　是针对化学合成方法生产的单一型或复合型水溶性肥料的施用设计开发的水肥一体化系统，用于非有机生产。系统可配备单一吸肥通道或多个吸肥通道，分别用于复合型无机肥施用，氮、磷、钾等多种单一型无机肥源的配比混合施用，有利于提高劳动效率，实现水肥自动化、智能化管理，已在生产中推广应用。

②有机水肥一体化系统　是针对液态有机肥源的制备和施用设计开发的，由有机液肥发酵子系统和有机灌溉液肥管理子系统两部分组成，在有机农业生产的水肥管理中应用。有机液肥发酵子系统主要包括发酵罐体、循环系统、供氧系统和多级过滤系统等，用于制备有机液肥；有机灌溉液肥管理子系统包括有机灌溉液浓度控制系统和灌溉管理系统，根据灌溉策略可实现有机生产的水肥一体化、精细化和自动化管理。

5.2.1.2　抽水系统

抽水系统通过水泵自动实现将水从低处吸到高处，抽水系统的自动化控制技术主要应用在水泵站中。图5-9所示为一种移动式节能灌溉抽水系统，该系统包括行进装置、抽水装置、获能装置、万向轮。行进装置包括用于浮在水渠水面上的船体、沿水渠两岸行进或定位的遥控电驱动万向轮及用于连接船体与各万向轮的弹簧伸缩杆；抽水装置包括潜水泵，该潜水泵的进水口位于船体底部；获能装置转化水流动能和/或太阳能为电能，并为抽水装置、万向轮供电；万向轮在无线遥控方式下得电工作以控制船体的行进。

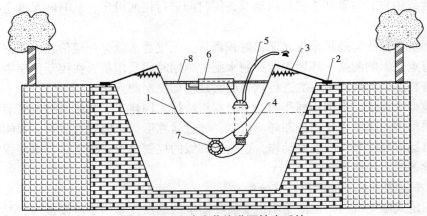

图 5-9 移动式节能灌溉抽水系统

1. 船体　2. 万向轮　3. 伸缩杆　4. 潜水泵　5. 出水管　6. 蓄电池　7. 发电机　8. 太阳能发电板

5.2.1.3 配肥系统

配肥系统包括一级原位水肥浓度建模系统与二级原位智能精准配比系统。水肥一体配肥系统结构如图 5-10 所示。一级系统设计为便携式装置，也可与现有传统水肥系统兼容，主要基于在线原位电导率探头自动采集水肥溶液的电导率数据，实时构建水肥浓度智能感知模型。一级系统主要包括精密的加液泵（可实现准确定量加液）、大量程在线电导率探头、水肥配比塑料桶，以及配套的控制、感知与模型建立软件。二级系统设计为动态精准配肥装置，在水肥浓度智能感知模型的基础上，依据不同肥料浓度需求进行配肥决策，自动进行肥料浓度的配比。二级系统主要包括加液水泵（支持定量加液控制）、大量程在线电导率探头（用于实时检测水肥浓度变化，并反馈给配肥控制机构）、流动稀释混肥罐、复合肥加肥装置（用来按需添加和存储肥液）、施肥管路（用于水肥传输），以及配套的用户交互、控制软件。

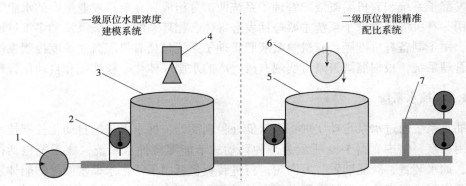

图 5-10 水肥一体配肥系统结构图

1. 加液泵　2. 电导率探头　3. 混肥容器　4. 加肥容器　5. 流动稀释混合罐　6. 水泵　7. 水肥管道

5.2.2 水肥控制方法

智能灌溉就是要保证作物正常生长发育所需的水分和养分，既要灌溉适时又要用最少的水肥量获得最大的纯收益。在以色列、美国、加拿大等发达国家，自动化控制技术发展比较成熟，已开发了智能化程度和控制精度较高的智能灌溉施肥系统，而且得到了广泛的应用。在我国，智能灌溉发展比较晚，直到 21 世纪初才慢慢开始使用节水灌溉技术，其应用规模、发展速度和技术水平都还处于初级阶段，与发达国家的差距还很大。近几年，我国对节水灌溉方面的研究主要集中在对环境信息的获取与传输方面，取得了一定的成绩。在精量水肥灌溉控制研究方面进展比较慢，尤其是在通过智能算法来提高水肥控制精度方面还需要进一步研究。水肥智能控制是根据数据采集分析系统自行判断作物需水需肥情况，并自动进行施肥和灌溉。数据采集分析系统通过自动气象站监测气象因素，通过流量传感器、土壤水分传感器、温度传感器、雨量传感器、电导率传感器、pH 传感器等实时监测植物生长和各种环境信息，根据各种实时采集的数据进行运算，计算蒸发、蒸腾引起的土壤水分损失，自动编制灌溉程序，实施灌溉或终止灌溉。在水肥控制策略方面，由于灌溉对象是一个大惯性、非线性和纯时延的系统，无法对其建立精确与统一的数学模型，传统控制方法受到了严峻的挑战，智能算法已逐渐应用在水肥一体化的灌溉决策中。

5.2.2.1 比例积分微分（PID）控制

PID 控制是近年来较为常用的闭环控制方案，可消除稳态误差，响应速度快。对于水肥控制系统来说，PID 控制器的输入为灌施过程中水肥溶度因子实测值与设定值间的误差，即系统误差 $e(t)$；输出为用于调节水泵转速的电压值 $u(t)$，被控对象为可调速水泵。其输出电压量值 $u(t)$ 与系统误差 $e(t)$ 的关系如式（5-1）所示。

$$u(t) = K_\mathrm{P}\left[e(t) + \frac{1}{T_\mathrm{I}}\int e(t)\mathrm{d}t + T_\mathrm{D}\mathrm{d}e(t)/\mathrm{d}t\right] \quad (5-1)$$

式中，K_P 为比例系数；T_I 为积分时间常数；T_D 为微分时间常数。式中第一项为比例输出项，构成输出的主要成分，能对偏差立即响应，输出控制量；第二项为积分输出项，它能消除前项可能产生的误差；第三项为微分输出项，能够改善系统的响应时间。

5.2.2.2 模糊控制

模糊控制是以模糊集合论、模糊语言变量和模糊逻辑推理为基础的一种计算机数字控制。模糊逻辑本身提供了由专家构造语言信息并将其转化为控制策略的一种系统的推理方法，故能够解决许多复杂且无法建立精确的数学模型系统的控制问题。通过先进的信息技术将系统内部较为复杂的模糊语言、集合论和逻辑推理进行数字化处理的方法。在这种方式下，能够将一些复杂的信息通过最直观的方法进行设计控制，根据一定的逻辑设定，将需要达到的目标和方式变为可控性的命令操作，就可以实现将复杂问题简单化的控制操作。

5.2.2.3 变论域模糊控制

传统的模糊控制器由于量化等级的限制导致控制精度不高,且量化因子和比例因子是固定的,无法对控制规则进行有效调整,因而自适应能力有限。对于这两个问题:一是可以将模糊控制器与 PI 控制器结合,利用 PI 控制器的特点消除稳态误差,提高控制精度;二是可以引入变论域的方法,通过调整量化因子和比例因子增强系统的自适应能力。

变论域模糊 PI 控制器结构如图 5-11 所示。整个控制器包括 PI 控制器、模糊控制器、论域调整和协模糊控制器。PI 控制器是系统的基本控制器,其控制参数由基准值和修正值组成,控制器离散化后的输出写成增量形式为

$$\Delta u(k) = (K_{p0} + \Delta K_p)[e(k) - e(k-1)] + (K_{i0} + \Delta K_i)e(k) \tag{5-2}$$

式中,K_{p0}、K_{i0} 为比例系数和积分系数的基准值;ΔK_p、ΔK_i 为比例系数和积分系数的修正值;$e(k)$ 为目标值与测量值之间的偏差。

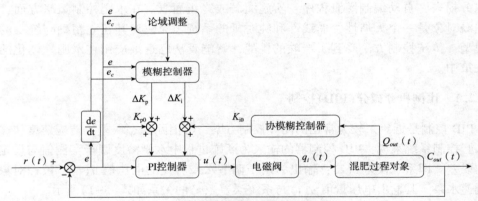

图 5-11 变论域模糊 PI 控制器结构框图

5.2.2.4 基于 BP 神经网络预测的模糊 PID 控制

精量水肥灌溉控制机的进水会存在着水压不稳定的缺点,也就是水的流量在实时变化,因此需要自动控制算法来实时调节流量,即变频水泵的转速,达到精量水肥比的目的。PID 控制使系统具备广泛适应性,模糊控制可达到非线性的控制效果、BP 神经网络预测控制解决大时滞问题。通过 BP 神经网络预测得到下一时刻的值,以此作为当前时刻的预测值反馈给系统,做到事前控制(图 5-12)。BP 神经网络作为一种非线性系统的辨识工具,具有结构简单、可操作性强、能模拟任意非线性输入、输出等优点,且有较好的收敛性、实时性和一定的泛化能力,适合用于预测控制。BP 神经网络的学习过程由信息正向传播和误差反向传播构成。

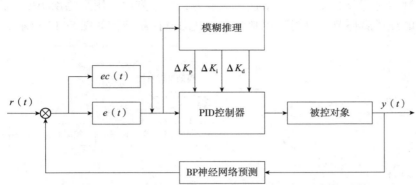

图 5-12 基于 BP 神经网络预测的模糊 PID 灌溉控制结构框图

5.2.2.5 基于 PSO 和 BP 优化的 PID 控制模型

温室水肥灌施系统难以建立具体数学模型，选用 PID 控制模型实时控制可调速水泵的过程中，需对 PID 控制参数进行整定优化，同时引入预测补偿，提前干预 PID 输入，降低系统延时影响。为提高模型适应性，降低模型参数整定难度，引入 PSO 实现 PID 自整定。基于 PSO 和 BP 神经网络双向优化 PID 控制模型的系统框图如图 5-13 所示。

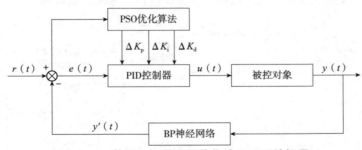

图 5-13 基于 PSO 和 BP 优化的 PID 系统框图

由于水肥系统的期望输入存在跳变，而作为被控对象的可调速水泵具有惯性，让缓变输出跟踪跳变输出会导致初始误差过大，易引起超调。利用 BP 神经网络对水肥溶液溶度进行预测，可降低水泵造成延时和惯性影响。系统以采集的水肥管道数据为基础，通过 PSO-BP 优化 PID 模型进行施灌控制，系统响应时间和调节时间分别提高 8.72% 和 60.40%，稳态误差仅为传统 PID 控制的 9.31%。与传统方式相比，灌水量和施肥量分别降低 10% 和 15%。

5.2.2.6 灰色预测模糊 PID 控制

灰色预测模糊 PID 控制也应用于精量灌溉中。精量灌溉系统决策后输出水肥流量变化时，被控对象特性参数变化灵敏范围大，因此，采用灰色预测控制与模糊 PID 控制相结合的控制方法。一方面，用 PID 的积分调节作用，降低稳态误差，提高精度，用模糊控制实时调节 PID 参数,增强适应能力;另一方面,用灰色预测控制,解决被控对象中的纯滞后环节,以提高控制效果,其灌溉控制结构如图 5-14 所示。

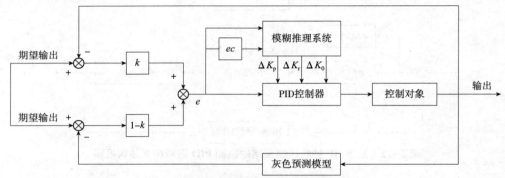

图 5-14 灰色预测模糊 PID 灌溉控制结构

5.2.2.7 模糊 PID 及 Smith 预估

Smith 预估控制和参数自整定的模糊 PID 控制结合,为了能达到期望的控制效果,参数的整定是 PID 控制的关键和难点。基于 Fuzzy-Smith 的控制系统原理如图 5-15 所示。图中 $R(s)$ 为系统输入,$e(t)$ 为系统输入与输出的偏差值,$e'(t)$ 为对偏差求导的偏差变化率,$U(s)$ 为模糊 PID 控制输出,$G_r(s)e^{-\tau s}$ 为纯滞后环节。

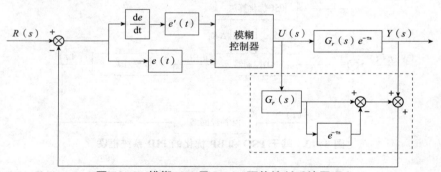

图 5-15 模糊 PID 及 Smith 预估控制系统原理

在实际的混肥过程中,因为输出值调控过程具有强烈的非线性,除了容积延迟外,还有循环管道的纯时延以及中和液的缓慢扩散,传统 PID 难以取得良好效果。根据被控对象特点,结合 Fuzzy 控制不需要精确数学模型及 Smith 预估可对纯滞后进行补偿的特点,将参数自整定模糊 PID 控制引入 Smith 预估当中,既缓解了滞后时间对控制系统的影响,又对模型的不精确性进行了补偿。

5.2.2.8 基于混合蚁群算法的变论域模糊控制(HACO-VUFC)

模糊控制与各种智能优化算法相结合具有显著的应用潜力与发展前景,可应用于水肥混合控制。水肥混合过程是通过调整水肥混合过程中酸碱溶液调节剂以控制水肥溶液的 pH:①pH 传感器采集的数据信息会随环境的改变而发生变化,因而很难获取准确的规律，使得控制过程复杂；②水肥耦合控制系统数学模型很难甚至不能用线性传递函数表示；③系统是将肥液、pH调节剂以及灌溉用水注入混肥罐，通过搅拌装置使其充分混合需要一定的时间，控制系统具有延时性。因此，水肥混合过程具有控制系统的不确定性、传递函数的非线性以及控制系统的延时性的特点。

HACO-VUFC（图5-16）和模糊控制（Fuzzy Control）、模糊PID控制（Fuzzy PID Control）相比，响应时间更快、稳定性更好。将混合蚁群算法与模糊控制融合，能够根据系统控制参数的变化实时调节伸缩因子，实现在不直接改变控制规则的前提下，改善对象的动态性能，克服模糊控制中规则数量与控制精度之间的矛盾，提高控制的稳态精度。

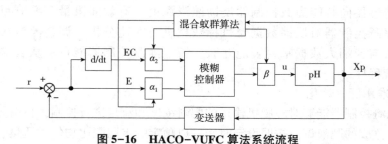

图5-16　HACO-VUFC算法系统流程

5.2.3　水肥智能灌溉系统

水肥智能灌溉系统是促进国家乡村振兴、提升农业生产水平的一种国家现代化农业工程。

5.2.3.1　智能灌溉系统的核心要素

智能水肥一体化技术是传统农业与现代物联网技术相结合的新型技术之一，是当前农业灌溉发展的潮流。开发者在不断改良灌溉设备的基础上与物联网平台有机接轨，综合运用了大数据技术、无线传感网络技术等物联网核心技术，提高灌溉的精准度，提高水的利用率，提高灌溉的管理水平，改变人为操作的随意性和盲目性，同时减少灌溉用工，为传统农业中存在的成本问题、效率问题、环保问题提供了有效的应对策略。智能水肥一体化技术方案主要围绕智慧决策系统设计，帮助用户科学决策，达到了节能高产、优质高效的目标。智能灌溉系统需求具备以下四个核心要素：

(1) 全方位、多维度现场感知

实时获得全方位、多维度的现场作物生长相关数据和生态大数据是智能灌溉系统决策的基石。现场感知多深度土壤水分及连续变化情况、地表和地下土壤温度、作物活跃吸水根系位置及分布情况、气象数据等诸多对作物需水及生产环境产生影响的因素。生态大数据提供未来的降雨预测数据、农作物耗水规律数据、土壤水特征数据等。智能灌溉系统无缝融合现场感知和本地的生态大数据，根据作物生长信息，自动分析根系活跃吸水位置及分布比例；智能识别作物缺水胁迫、田间持水量、饱和含水量。

(2) 人工智能的灌溉决策及执行

智能灌溉控制器内置灌溉决策模型，基于现场感知的数据及生态大数据进行灌溉决策并控制水泵、变频器、田间电子阀、喷枪等设备，执行灌溉决策。例如，在灌溉过程中，精准降雨预报预测 2h 内会有降雨，灌溉系统会自动停止灌溉，充分利用降雨。降雨停止后，系统根据田间的多深度土壤水分传感器计算得到当前的有效降雨量，自动判断是否需要补充灌溉量，如需要补充灌溉，则重新计算灌溉量。

(3) 深度反馈学习，自我修正、自我演进

具备反馈系统是智能灌溉与自动灌溉、传统灌溉的核心区别。灌溉系统向智能灌溉控制器反馈流量、水压、水泵、变频器、电磁阀开关状态等运行工况信息；田间传感器向智能灌溉控制器反馈灌溉深度、有效灌溉量等灌溉目标执行情况。智能灌溉控制器对反馈数据与目标数据进行对比分析，调整灌溉决策。智能灌溉控制器与云端大数据平台智能互联，智能灌溉控制器能自动从云端获取更新的灌溉决策程序。

(4) 精准水肥一体化

智能灌溉控制器能够对施肥机输送的肥料浓度和流量进行控制，将由固体肥料或液体肥料配兑成的肥液母液按照设定时间，以预定的水肥配比均匀、适量、按时输送到作物根部土壤。在农业生产活动中，通过"互联网+水肥"综合管理系统（图 5-17），实时自动采集作物生产区环境参数和作物生长信息参数，并通过指标决策或模型决策控制系统进行智能灌溉施肥，通过对土壤水肥的精确控制实现水肥一体精准施入，大大提高灌溉水和肥料的利用效率。

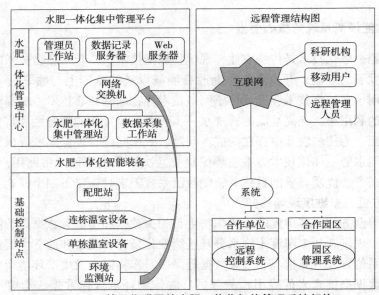

图 5-17　基于物联网的水肥一体化智能管理系统架构

5.2.3.2 智能灌溉系统

(1) 系统总体结构

智能灌溉系统利用计算机技术、通信和网络技术、自动化技术等实时监测气象环境、土壤情况、作物长势等数据对灌溉施肥做出精准的决策与控制。农户可以通过计算机、手机等多种方式对以上数据进行查阅并根据实际情况进行自定义控制。

案例 5-1：智能灌溉系统主要由信息监测系统、智能决策系统、灌溉施肥施药系统三部分组成（图 5-18）。信息监测系统通过土壤水分传感器、流量计、水位计、温度传感器和气象监测模块，实现对数据信息的实时采集与监测。智能决策系统实现对田间信息、工况状态信息的实时监测与分析，并结合未来降雨量、农作物耗水规律、土壤特征等数据进行综合评价，做出科学的灌溉决策。灌溉施肥系统实现对水泵、闸门、电磁阀等启动、闭合的控制，进而实现灌溉水肥的启停控制。

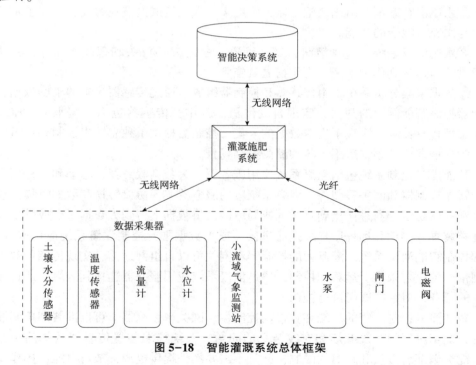

图 5-18 智能灌溉系统总体框架

案例 5-2：曹靖等（2019）设计的智能灌溉系统总体框架如图 5-19 所示。其控制系统由软件系统和硬件系统组成，软件系统由移动用户界面终端应用软件和远程用户界面终端系统组成；硬件系统由水肥混合系统、数据采集分析系统和水肥灌溉系统组成。数据采集系统包含智能灌溉控制器和土壤传感器。水肥灌溉系统包含灌溉首部、管路、根区滴（喷）头和智能阀门。

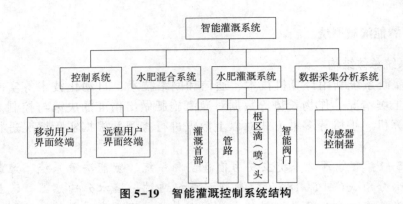

图 5-19　智能灌溉控制系统结构

①控制系统　主要由移动用户界面终端应用软件和远程用户界面终端系统组成，实现对智能灌溉控制系统硬件设备的操作和控制。控制系统主要具有首页展示、资产管理、水肥程序设置、远程控制和系统诊断等功能，实现了灌溉计划的设定、在线查看、历史记录查询、灌溉系统远程操作和监管等。

②水肥混合系统　由比例施肥器、施肥泵、水肥机或混液池组成，实现了水溶性肥料与水充分混合的功能。

③水肥灌溉系统　包含灌溉首部、管道、根区滴（喷）头和智能阀门等，将混合液通过管道运输到作物根区，为作物灌溉施肥。

④数据采集分析系统　由传感器和控制器组成，通过传感器采集的土壤数据，用控制器控制智能阀门的开关，实现自动灌溉。其中，传感器包括土壤水分、EC 值、土壤温度传感器等，实现了土壤数据的采集。控制器提供了独立输出控制和自组网功能，为即插即用类型，适用于各种灌溉控制场景。

智能灌溉控制系统包括灌溉系统应用服务器、大数据服务器、移动和远程用户终端、智能控制器和网关等硬件。灌溉系统应用服务器实现协议转换和数据收集，包括运算和存储功能，通过连接到互联网或局域网，将数据上传到大数据平台或下发到系统终端装置。移动和远程用户终端通过云端或大数据平台控制灌溉系统应用服务器，远程控制智能灌溉系统。灌溉智能控制器和网关可以自组网通信，实现传感器数据和控制信号的组合采集、运算和控制，通过灌溉系统应用服务器连接到云端，通过云端下发的任务，对智能阀门进行控制。

智能灌溉控制系统的末端装置包括控制器、网关、传感器，可以部署到田间灌溉系统，能解决田间布线麻烦和布线杂乱的问题。系统终端装置传感器及阀门独立供电，能突破部署数量和距离的限制，并且不需要额外提供电源，节省电能，操作安全方便。系统终端装置既可以独立输出控制，又具备自组网功能，组网站点数量可达数百个，能够随着种植面积扩大组网，实现大面积控制。同时，系统提供了末端装置之间互相识别通信功能，实现了传感器数据和控制信号的组合运算和控制，从而实现数据的就近运算和处理，不需要集中到控制器。当系统未接入互联网时也可以通过自组网方式独立运行，数据存储于本地终端装置。系统终端装置之间通过互相识别通讯功能实现传感器数据和控制方法的组合应用。随着灌溉和施肥数据的记录和水肥系统应用管理数据的积累，系统可通过硬件数据采集系统，实现全自动控制。

控制系统提供了手机终端和 PC 终端两种灌溉终端作业管理系统，用户可以随时随地查看并进行程序设置，即时调整轮灌和施肥参数，还可以通过手动启动灌溉程序实现定时定点灌溉作业。末端装置具有数据存储功能，数据可同步存储在本地和服务器，为用户提供了根据需求调节运行时间、调整水量预算、灵活确定灌溉程序和施肥方案的功能。移动终端应用软件获取灌溉区域内多个末端装置的编码，通过末端装置编码确定灌溉区域位置信息，用户可以在现场根据土壤旱情实时控制灌溉。

（2）控制方式

①基于物联网技术的作物水肥综合管理　基于物联网技术是很多大型园区或基地高效节约低耗的水肥管理模式（图 5-20），具有覆盖生产示范园区和生产基地的能力，最终实现作物生产基地水肥管理的互联互通，管理所有的"物联网"精准灌溉控制系统，建立区域性或全国性水肥管理网络，实现农业生产基地的少人化管理，降低生产成本，减少肥料投入，节约农业用水，提高作物的产量和品质及生产区综合经济效益，促进农业的信息化和智能化发展。基于物联网技术的作物水肥综合管理在我国农业现代化发展中具有广阔的应用前景。

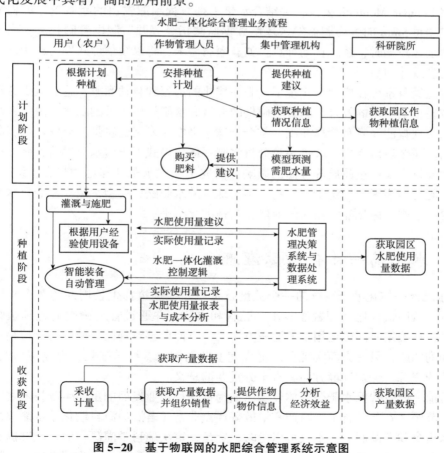

图 5-20　基于物联网的水肥综合管理系统示意图

②基于北斗物联网智能灌溉信息管控　基于北斗物联网智能灌溉信息管理系统设计采用传感器技术、人工智能、大数据分析等技术，实现自助灌溉，完全摆脱了人工干预，极大地解决了灌溉依靠劳动力问题，因此对实现科学化灌溉、节约灌溉用水、降低劳动力成本、保持高效率以及对智能农业和智慧农村的建设发展具有重要意义。

北斗硬件系统主要由主控模块、北斗模块、北斗 S 天线、北斗 L 天线、电源模块、光伏供电模块组成。北斗通信系统主要负责与服务器进行信息收发，将传感器等数据通过北斗通信链路上传到服务器系统。服务器系统将收到的数据参数进行智能分析后得出灌溉控制策略，并将该灌溉控制策略通过北斗通信链路向灌溉控制设备发出灌溉指令。信息管控系统一般包含作物信息单元、灌溉数据、环境信息、信状态信息和灌溉记录表模块等功能模块。

③基于 WSN+GSM 的智能灌溉控制　是一种智能化、精准化的灌溉系统，由上位机控制平台、无线通信平台、下位机控制平台、信息采集平台构成。该灌溉系统在田间科学配置小型气象站和土壤温湿度传感器，可以实时监测土壤温湿度、空气温湿度、降水量、光照、风速等因素，并将这些数据传输到控制系统中。计算作物蒸发量值使用 Penman-Monteith 公式，并结合水量平衡方程预测农田的灌溉量。远程灌溉控制客户端每 5min 向各协调器发送环境数据监测指令，并监测电磁阀状态。当监测数据反馈至客户端时，系统自动计算，如有灌溉需求，将以短信形式发送给用户，提供科学的灌溉计划。

智能灌溉系统在应用中实现了水肥一体化的远程和自动灌溉，达到减少劳动力投入、减轻土壤负担的效果。随着软硬件的升级和水肥施用记录的积累，灌溉系统可以对作物实现智能灌溉和精准灌溉，符合全球未来农业发展的愿景，对农业生产具有重要作用。在今后研究中，应进一步分析水肥一体化模式下土壤水分供给、肥力运筹对作物生长发育及产量品质等方面的影响，研究土壤中水肥迁移运动状态，结合作物、水分、肥力等因素，确定不同作物、不同地区的水肥配比模型，建立专业化水肥数据库，提高水肥一体化灌溉控制的智能化、精准化水平。

5.3　水肥药一体化智慧灌溉系统

水肥药一体化灌溉系统的一个关键技术就是根据植物生长周期的各个阶段的不同特点，按照最佳比例配置灌溉水、肥料和农药，并通过管道精确输送到植物的根部。这种在确定时间确定用量的灌溉方法，一方面能够对种植区域的所有植物进行全面精确的照顾；另一方面实现在一定程度上节约用水、科学施肥、定点用药的目的，并在节约资源、保护环境方面具有十分重要的意义。

目前，高效智能水肥药一体技术已成为推动种植业发展的重要生产技术之一，其节水、节肥、省药、省工、增产和增效等优点非常显著。灌溉自动化技术能够严格执行灌水指令和灌溉制度，不仅可以定时、定量、定次地科学灌溉，而且能够提高灌溉的质量和均匀度，进而保证水肥药一体化的科学性、可靠性，成为精准施药、精准灌溉、精量施肥的重要技术支撑和推进农业现代化发展的重要途径之一。

5.3.1 固定式水肥药一体化系统

5.3.1.1 系统结构

以何青海等(2015)设计的水肥药一体化系统为例，系统整体由灌溉系统、注肥系统、注酸系统、施药系统、混合系统和控制系统等组成(图5-21)。灌溉系统包括灌溉泵、控制阀、流量表、压力表、灌溉管道和止回阀等；注肥系统包括液位传感器、肥液罐、过滤器、注肥泵、控制阀、流量表、注肥管道和止回阀等；注酸系统包括液位传感器、酸碱罐、过滤器、注酸泵、控制阀、流量表、注酸管道和止回阀等；施药系统包括液位传感器、药液罐、注药泵、控制阀、流量表、注药管道和止回阀等；混合系统包括电导率传感器、pH传感器、集液器、混合罐、搅拌器、出液管道和压力表等；控制系统包括控制箱、触摸屏和DSP控制器等。

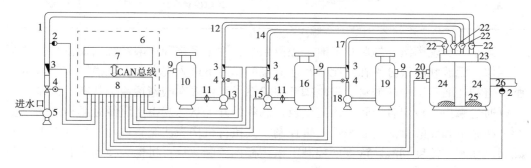

图 5-21 水肥药一体化系统结构示意图

1. 灌溉管道　2. 压力表　3. 流量表　4. 控制阀　5. 灌溉泵　6. 控制箱　7. 触摸屏
8. DSP控制器　9. 液位传感器　10. 肥液罐　11. 过滤器　12. 注肥管道　13. 注肥泵
14. 注酸管道　15. 注酸泵　16. 酸碱罐　17. 注药管道　18. 注药泵　19. 药液罐
20. 电导率传感器　21. pH传感器　22. 止回阀　23. 集液器　24. 混合罐
25. 搅拌器　26. 出液管道

5.3.1.2 系统工作原理

从技术上来说，一整套浇水、施肥和施药的一体化系统的实施和运行是一项庞大的工程，为了实际操作的简便，在控制系统的设计上进行了一定程度的简化，将操作的难度降到最低。根据植物的需要和具体的环境条件，控制系统的运行，在进行混合灌溉操作时可以采取模糊条件控制，在进行其他功能操作时通常采用逻辑控制。系统可以在多种模式下工作，并能够实现独立灌溉、灌溉施肥、灌溉施药及水肥药一体化的功能；用户可根据实际需求选用不同的工作方式。

当系统仅实现灌溉功能时，灌溉水通过灌溉泵进入灌溉管道，然后依次经过控制阀、流量表、压力表、止回阀、集液器进入混合罐。其中，控制阀、流量表、压力表分别通过数据线接入控制箱，并与DSP控制器相连，DSP控制器通过CAN总线与触摸屏相连。触摸屏实时显示灌溉管道中的压力、流量及控制阀的开关状态，操作员可通过触摸屏设定管内流量及控制阀的开关状态，灌溉控制系统控制方式选用逻辑控制（表5-2）。

表 5-2 水肥药一体系统控制方案

水肥药一体化系统	控制方案	水肥药一体化系统	控制方案
灌溉控制系统	逻辑控制	酸碱量控制系统	逻辑控制
肥量控制系统	逻辑控制	酸碱浓度控制系统	模糊控制
肥液浓度控制系统	模糊控制	施药控制系统	逻辑控制

当系统实现灌溉、施肥功能时，灌溉系统、注肥系统和注酸系统启动，与仅灌溉时相似，肥液和酸液分别在注肥泵和注酸泵的作用下进入混合罐，触摸屏实时显示注肥管道和注酸管道中的流量、控制阀开关状态、肥液罐和酸碱罐液位状态，操作员也可以通过触摸屏设定各个管道内流量及控制阀的开关状态。由于灌溉施肥控制系统复杂，注肥量和注酸量的控制采用逻辑控制，其执行机构为注肥管道和注酸管道上的电磁阀，在肥液浓度和酸碱浓度的控制上采用模糊控制，执行机构为拖动注肥泵和注酸泵的电动机。

当系统实现灌溉、施药功能时，灌溉系统和注酸系统启动，运行情况与灌溉施肥相似。药液易溶于水，不会出现大延迟的情况，所以注药系统采用逻辑控制。当需要灌溉、施肥、施药同时进行时，系统同时控制注水泵、注肥泵、注酸泵、注药泵的运行状态，进行水肥药一体化控制。当药液对混合液的电导率与pH影响不大时，可将营养液与药液置于一个混合罐中混合，从而降低成本；如果药液对混合液的电导率与pH影响较大，应另加设单独的水肥药混合罐。

5.3.2 移动式果园水肥药一体化系统

5.3.2.1 系统结构

移动式果园水肥药一体化控制系统（杨荆等，2020）以可编程逻辑控制器（PLC）为控制核心，包括灌溉水过滤子系统、溶液混合和施肥（施药）子系统、自动反冲洗子系统和灌溉管道电动阀无线远程控制子系统。同时结合专家决策系统，可根据果园信息制定决策，指导灌溉施肥过程的自动运行。

移动式果园水肥药一体化设备基本结构如图5-22所示，同时设备需要在田间敷设灌溉、施肥管道，施药通过手持设备连接的喷枪完成。

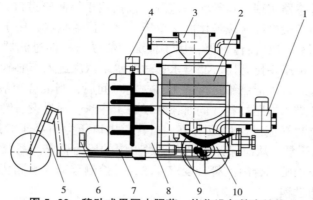

图 5-22 移动式果园水肥药一体化设备基本结构

1. 加压泵 2. 砂石过滤器 3. 离心过滤器 4. 搅拌电机 5. 转向轮
6. 柱塞泵 7. 喷枪 8. 混合罐 9. 传动轴 10. 驱动轮

5.3.2.2 工作过程及原理

控制系统由触摸屏、PLC、搅拌电机、柱塞泵和加压泵等组成，同时配备压力传感器、液位传感器、EC值传感器、压差传感器用于检测系统的工作参数。系统工作时，灌溉水分别通过离心砂石一体过滤器和网式过滤器充分过滤后进入混合罐内，同时向混合罐中加入水溶性肥料或农药，此时搅拌电机启动，开始进行水肥或农药的混合过程。当溶液 EC 值达到设定值后，搅拌电机停止，混合过程结束，进入施肥或施药过程。在整个工作过程中，两个混合罐可以交替进行，减少工作时间，提高工作效率。当首部系统末端出口压力小于入口压力的一定值时，加压泵启动，使灌溉水压满足工作要求。当过滤器出口压力小于入口压力一定值后，自动反冲洗系统启动，两个过滤器先后进行反冲洗过程，保证杂质不会堵塞过滤器。系统结构如图 5-23 所示。

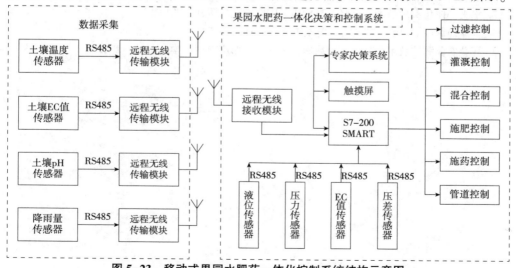

图 5-23 移动式果园水肥药一体化控制系统结构示意图

系统还通过传感器实现了运行状态监测，包括用于检测管道进口、出口压力的 2 个压力传感器，用于检测混合罐液位的 2 个压力型液位传感器，用于检测混合罐水肥溶液 EC 值的 2 个液体 EC 值传感器，用于检测离心砂石一体过滤器和网式过滤器的进出口压力差的 2 个压差传感器。灌溉水通过潜水泵依次进入离心砂石过滤器和网式过滤器，完成过滤后进入混肥罐进行混肥，一定时间后，当混合溶液 EC 值满足设定要求后，系统自动进入施肥过程。同时，在设备工作时，通过设备管道进出口部署的两个压力传感器监测管道进出口压力值，当管道出口压力值小于管道入口压力值的 3/4 后自动启动加压泵，从而保证灌溉施肥过程中的压力要求。系统能够准确制定灌溉和施肥决策，使水肥混合溶液符合设定要求，并控制移动式水肥药一体化装置完成灌溉、施肥和喷药过程。

思考题

1. 监测土壤墒情有哪些方法？
2. 土壤墒情监测系统采用了哪些通信方式？
3. 土壤墒情智能监测的未来发展趋势是什么？
4. 什么是水肥一体化技术？有哪些优点？
5. 水肥灌溉系统有哪些控制方法？
6. 智能灌溉控制系统一般都包含哪些硬件？
7. 水肥药一体化系统的工作模式是什么？
8. 试述对未来水肥智能控制的设想。

推荐阅读书目

1. 水肥一体化实用问答及技术模式、案例分析．梁飞．中国农业出版社，2018．
2. 水肥一体化实用技术．徐坚，高春娟．中国农业出版社，2014．
3. 智能控制(第 4 版)．刘金琨．电子工业出版社，2017．
4. 智慧农业测控技术与装备．黄伟锋，朱立学．西南交通大学出版社，2021．

第 6 章
智能病虫害防治系统

传统的病虫害防治系统依靠人工进行病虫害信息监测，依靠经验和作物病虫害特征做出判断，对病虫害发生情况进行识别，这种方式受到个人经验、作物生长阶段、天气条件及信息处理技术和手段的限制，难以进行理想有效的病虫害识别及信息处理，容易造成历史数据丢失、预警信息不及时、防治效果差等后果。智能化病虫害防治系统集数据采集、监控、环境监测、病虫害识别、病情虫情分析、预警决策及喷药防治等功能于一体，实现全方位的病虫害防治。

6.1 智能病虫害防治系统架构

6.1.1 智能病虫害防治含义和功能

6.1.1.1 智能病虫害防治的含义

智能病虫害防治是指基于传感技术与设备获取病虫害可能发生的相关信息，借助物联网、5G等技术实现数据传输，通过智能识别技术实现病虫害诊断分析，依托植保大数据和专家系统进行智能决策、预警，并利用智能植保装备进行喷药驱虫等的综合化病虫害防治技术。

6.1.1.2 智能病虫害防治的功能

智能病虫害防治具有多源数据采集获取、病虫害智能化诊断、病虫害监测与预报预警、智能化决策和防治等功能。多源数据采集获取主要是指通过各类传感器、图像及视频采集设备获取作物生理生态、气象、小气候、病情、虫情等数据信息。病虫害智能化诊断是在数据采集传输的基础上，利用计算机视觉技术、机器学习等方法进行智能分析和识别，并基于作物种类、发病部位、病征等信息，利用专家系统及人工智能实现快速诊断。病虫害监测与预报预警是在数据采集和数据报送的基础上，对数据进行管理和处理，通过大数据分析，实现对病虫害发生的预测预报。智能决策和防治是基于智能化诊断及预测，利用植保装备实施病虫害防治操作，实现智慧植保。

6.1.2 智能病虫害防治系统架构

智能病虫害防治系统可由感知层、传输层、基础层和应用层组成。其架构如

图6-1所示。

6.1.2.1 感知层

感知层主要通过无人机图像获取系统、环境监测传感器、病情虫情监测仪(如智能孢子捕捉仪、智能病虫情测报仪、高清摄像系统)和遥感系统等设施设备,获取作物生长信息、病情虫情信息、作物病虫害图像信息、环境数据等病虫害防治所需基础信息数据。传感设备是感知系统的关键组成设备,是实现病虫害、作物等信息实时监测的基础。

6.1.2.2 传输层

传输层的主要功能是将感知层获取的数据通过卫星导航定位系统、无线通信系统和物联网系统等传递到处理层和应用层。

6.1.2.3 基础层

基础层的主要功能是对接收到的信息数据进行处理、识别、分析和挖掘等,其主要基于智能化算法并依赖于专家系统、智能识别系统等途径,实现信息数据的识别、预测预报、预警和综合管理等功能。信息基础层可对作物生长情况和病虫害信息及时准确作出判断,并在病虫害爆发时启动预警预报平台,以便于生产者及时采取防控措施,而综合信息管理平台主要负责对上游采集的信息进行分类存储、处理并将处理结果报送应用层的客户终端或进行信息发布,同时,当基础层诊断到病虫害发生时,可负责启动远程控制器、智能施药系统等下游设备,实现应用层防控系统的协同作业。

6.1.2.4 应用层

应用层是病虫害防治系统的最终功能体现,其主要功能是输出及控制执行策略,最终达到智能化病虫害防治的目标。主要功能包含基于智能化决策的客户终端的信息输出、控制器的执行、信息发布及智能施药系统的执行等。

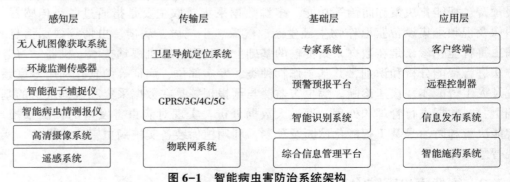

图6-1 智能病虫害防治系统架构

6.1.3 智能病虫害防治系统组成

智能病虫害防治系统通常包含小气候监测系统、病虫害识别系统、病虫害监测预警系统、专家系统、综合信息管理平台、智能化精准施药系统多个子系统。

(1) 小气候监测系统

小气候监测系统主要用于监测和获取环境数据，同时具备一定的作物信息获取功能，是智能病虫害防治系统构建、运行和功能实现的基础。小气候信息主要包括空气温度和湿度、光照度等环境信息，考虑环境变化、传感器分布广且多变等实际因素，在实际生产过程中常采用无线通信技术组建信息采集网，实现数据的远程传输。

(2) 病虫害识别系统

在环境数据和作物信息采集的基础上，病虫害识别系统基于智能传感设备获取病虫害信息数据，利用相关图像处理技术实现病虫害的智能识别。图像处理是将图像信号转换成相应的数字信号，并利用计算机对其进行加工处理的过程。农作物病虫害图像识别系统主要通过图像分割、特征提取和分类识别三部分实现病虫害的精准识别。

作为图像处理技术最困难的任务之一，图像分割将图像细分为多个子特征（即图像的结构、颜色、为度、纹理等），实现图像处理过程中由质到量的转换。常用的图像分割方法主要有阈值分割法、边缘检测法、数学形态学法、模糊聚类法等。特征提取包括特征描述和提取两个过程，描述是指给从图像中分割出来的图像属性予以量性表示，提取是指计算特征子集，通过数学变换使样本空间降维，以便于目标识别。主要提取方法按特征属性不同可分为形态特征提取、颜色特征提取和纹理特征提取等。分类识别是指以提取的图像特征为对象构建分类器，以达到目标识别的过程，高精度、稳定、快速的农作物病虫害图像分类识别算法是决定识别精度的核心内容。常用的分类识别算法主要包括支持向量机法、模糊聚类法、逐步判别分析法和神经网络等。

(3) 病虫害监测预警系统

病虫害监测预警系统以农作物病虫害的预警与防治为核心，由无人机监测设备、地面监测设备、大数据平台和手机 APP 四个部分构成，通过监测设备精准筛查，地面监测设备提供环境数据辅助配合的方式，系统能够智能动态地分析监测区域作物，对作物的实时苗情、环境动态等进行宏观估测，实现对农作物生长的监测、对病虫害的诊断及预测。无人机监测设备采集的数据采用 4G/5G 移动互联网接入技术。地面监测设备由光照传感器、太阳能板、高精度摄像头、数据采集器、通信模块等部分组成，通过 4G/5G、ZigBee 等多种网络接入方式和传输数据网，结合对比云端大数据库中病虫害高发的环境状况，预测病虫害的发病时间。

大数据平台可对无人机监测设备和地面监测设备传回的数据信息进行可视化动态显示，监测设备拍摄的农作物病虫害图片信息，并对输回的环境数据进行综合评估，与病虫害的易感环境进行大数据分析，给出相应的预警决策分析，并将实时分析得出的环境参数、病虫害的类型和给出的治疗方案呈现在大数据平台上。大数据平台和

APP等为用户提供环境数据监测、病虫害监测、远程专家诊断等智能监控及管理等，实现农作物病虫害监测、诊断、预警等，用户可通过APP在任何时候、任何地方获取农田的即时监测信息，针对性地防治某种农作物的某种病虫害，做好预防控制，防止病虫害的大面积爆发。

(4) 专家系统

专家系统即植物保护专家系统，是根据农作物病虫害的发病特征和发生规律，为用户提供有关作物病虫害的远程诊断、专家决策及预测预报的一种农业专家系统。病虫害专家系统包含数据量巨大的病虫害数据库、图像诊断系统和在线咨询系统，其中，病虫害数据库包含病害成因、爆发环境信息、防治策略等内容，可使用户对各种植物可能发生的病虫害系统进行深入了解，对其产生全面认识；图像诊断系统中整合了大量高层次病虫害研究专家多年从事病虫害研究和实践积累的经验和知识，运用图形分析技术和数学分析方法构建图像在线诊断系统，帮助人们对发生的病虫害进行实时诊断，及时采取防治措施；在遭遇复杂病虫害或无法获取病虫害信息时，可通过在线咨询系统与专家进行实时沟通诊断，及时有效地防治病虫害。

(5) 综合信息管理平台

综合信息管理平台用于收集病虫害发生信息及分析、处理和给出病虫害防治策略，并根据病虫害的发生情况调控下游的精准施药、环境控制等系统执行病虫害防治工作，主要包括田间数据信息收集管理、GPS数据处理、GIS的基本数据和调用病虫害防治系统等功能。其中，田间数据信息可以依靠GPS收集，主要收集的是基本的地图操作和管理，其收集功能有地图上的显示、漫游、气象信息等；数据信息收集管理功能主要是在田间地头全面收集病虫害信息，全面记录采集工作，包括采集到小气候信息、病虫害的危害范围、类型、采集地点和时间等；GIS的基本数据功能模块主要是综合整理收集来的信息，基于内置算法可用于判断病虫害类型、模拟爆发规律，并调用防治策略，最后绘制成系统信息表反馈给用户；调用病虫害防治系统主要是指在基于病虫害类型判别和爆发程度诊断基础上，进一步启动下游的精准施药、环境调控系统执行操作。

(6) 智能化精准施药系统

在专家系统给出的病虫害类型判别和综合信息管理平台给出的防治策略基础上，由综合信息管理平台进行控制，通过智能化精准施药设备执行病虫害防治方案。智能化精准施药系统主要由施药控制单元、中央执行系统、控制数据采集系统和控制系统软件四部分组成。施药控制单元主要由混合主泵、电磁阀液位传感器及相关程序控制软件组成，主要用于根据防治策略设置施药参数。中央执行系统主要由主泵、电磁阀、水流表过滤器及电动控制线路组成，主要用于执行具体的施药过程和监测施药数据。控制数据采集系统由各种传感器、抗干扰模块（数模转换块）等组成，用于确保施药精度。控制系统软件主要是基于内部编程对施药数据、远程传输、数据保存等功能进行实时操作，实现施药操作、数据统计和远程传输功能的组合调控。

6.2 病虫害防治关键技术和智能装备

6.2.1 病虫害信息获取技术

病虫害信息获取是实现智能化病虫害防治的关键，其中的病虫害信息数据包含各类农业大数据。农业大数据获取技术主要是指通过在农业生产场景内部搭建智能传感系统来获取生产环境信息、动植物生命信息等数据，为实现智能化病虫害防治奠定数据基础。其内容主要包括机器视觉、光谱分析以及多光谱与高光谱成像技术等。

6.2.1.1 机器视觉

机器视觉是人工智能快速发展的一个分支，是一项综合技术，包括图像处理、机械工程技术、控制、电光源照明、光学成像、传感器、模拟与数字视频技术、计算机软硬件技术（图像增强和分析算法、图像卡、I/O 卡等）。简单来说，机器视觉就是用机器代替人眼来做测量和判断，在作物病虫害信息获取的过程中具有很强的灵活性和自动化程度，具有非破坏、速度快、效率高、信息量大等特点。机器视觉系统是通过机器视觉产品（即图像摄取装置，可分为互补金属氧化物半导体和电荷耦合元件两种）将被摄取的病虫害信息转换成图像信号，传送给专用的图像处理系统，得到被摄目标的形态信息，根据像素分布和亮度、颜色等信息，转变成数字化信号；图像系统对这些信号进行各种运算来抽取目标的特征，进而根据判别的结果来控制现场的设备动作。

6.2.1.2 光谱分析

光谱分析技术主要依据农作物发生病虫害时常表现为作物外部形态和内部生理结构的变化（如卷叶、落叶、枯萎等导致冠层形状变化，叶绿素组织遭受破坏，光合作用减弱，养分水分吸收、运输、转化等机能衰退），与健康植物的光谱特性相比，受害植物的某些特征波长的值会发生不同程度的变化，因此光谱技术通过监测受害作物各种可见的和极其微弱的外部形态或内部生理参数变化引起的相应光谱特性变异信息，可以监测到病虫害的早期危害，定量地分析病虫害的危害程度，为大规模监测农作物病虫害发生情况和发展动向提供及时、可靠的决策依据。

国内外利用光谱分析技术检测虫害信息通常是以不同受害等级的虫害叶和健康叶为材料，采用 ASD 光谱仪分别测定不同受害程度、受害叶片的不同分布形式及不同卷叶率下作物的光谱反射率，并采用直线回归法，建立基于光谱参数的作物受害程度诊断模型。

6.2.1.3 多光谱与高光谱成像技术

目前，病虫害的诊断大多依赖作物颜色或普通可见光部分的彩色图像的信息。可见光图像分析方法能从作物的颜色、形状、纹理上获得大量直观信息，但其存在诸多缺点，如会因照明条件、成像系统的光谱响应影响彩色图像的成像质量，只是记录被测物体可见光波段的光谱信息，而紫外、近红外和红外光谱信息则完全丢失。为了解决这个问题，采用多光谱与高光谱成像技术研发出多光谱和高光谱相机。多光谱成像技术可以同时从光谱维和空间维获取被测目标的信息。一幅多光谱图像是由一系列灰度图像组成的三维数据立方体，二维图像记录样本的形态信息，三维坐标则记录光谱信息。多光谱成像技术是将摄入光源过滤，同时采集可见光谱和红外光谱等波段的数字图像，并进行分析处理的技术。它是光谱分析技术特征敏感波段提取和计算机图像处理技术的有机结合，同时可以弥补光谱仪抗干扰能力较差和三基色图像波段感受范围窄的缺点。另外，多光谱成像技术在农业病虫害识别上的应用已经越来越多，如利用松树冠层光谱图像分析蚜虫对松树的侵害程度；利用多光谱图像对玉米粟蚕蛾幼虫的侵害程度进行检测；利用多光谱成像技术提取水稻叶面及冠层图像信息可以快速有效地检测稻叶瘟病情，通过试验建立的稻叶瘟病情检测分级模型对营养生长期的水稻苗瘟的识别准确率为98%，对叶瘟的识别准确率为90%，为实施科学的稻叶瘟防治提供了决策支持。

高光谱成像技术是融合图像技术和光谱技术而新兴的一门技术，由于该技术能同时获得待测物的图像和光谱信息，既能对待测物体的外观特性进行检测又能对其内部成分进行检测，在科学研究各个领域具有广阔的应用前景。高光谱成像技术最早在遥感领域取得巨大成功，在农产品品质无损检测中的研究最近几年才引起国内外一些研究者的关注。高光谱图像包含的信息量比多光谱图像大，因此高光谱在病害识别方面有独特的优势。高光谱成像技术既可以弥补多光谱采样易受环境干扰和受目标物空间位置变化影响的缺点，又可以弥补传统可见光图像光谱信息量少的缺点。目前国内外应用高光谱成像技术主要集中在高空卫星遥感领域监控农作物虫害的发生程度，对地表作物虫害早期精选检测并不多。高光谱成像技术具有人眼视觉和卫星遥感技术无法比拟的优越性，不仅是人眼视觉的延伸，更重要的是可以代替人脑的部分工作。

6.2.2 病虫害智能识别方法

6.2.2.1 基于数理统计的识别方法

基于数理统计的识别方法采用统计学方法建立数据集，利用回归和预测模型进行模式识别和判别分类，从而实现从经验型向精准型的转变，这一方法的应用需要大量、完整的历史数据才能挖掘病虫害发生规律。因此，该方法存在适用范围小，对统计学知识和技术人员要求高等局限性。

6.2.2.2 基于模式识别和机器学习的识别方法

模式识别是在一定量度或观测基础上将待识别模式划分到各自的模式类别中，主要是通过计算机技术来研究模式的自动处理和判读。机器学习理论主要是设计和分析可使计算机自动"学习"的算法，这类算法能从数据中自动分析获得规律，并利用规律对数据进行预测，其具体识别过程如图 6-2 所示。基于模式识别和机器学习的识别方法能够识别某一农作物的某些特定图像特征，进而判断农作物的受害情况。但是模式识别和机器学习的病虫害识别仍然面临如下问题：特征提取难，受光照条件、图像拍摄角度、复杂背景等因素的影响，图像处理方法很难准确检测出图像特征，导致病虫害目标识别失败，另外，病虫害处于动态变化的过程也给目标的获取带来困难。也需要大量数据集作为训练样本，而病虫害图像采集困难，可供作为训练集的大型病虫害数据集少。

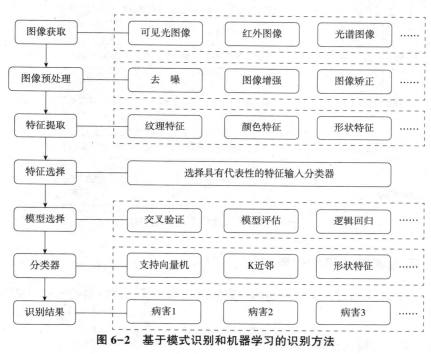

图 6-2 基于模式识别和机器学习的识别方法

6.2.2.3 基于深度学习的识别方法

深度学习在处理海量数据上具有一定的优势，能够在大规模数据中自动提取物体特征并利用分类器进行分类识别。深度学习可以应用于识别病虫害目标，其核心就是以数据为驱动，通过各种线性和非线性转换，利用有监督和无监督的组合训练方式完成特征提取和转换任务，实现复杂样本数据的关系拟合。深度学习技术可以自动、高效、准确地从大量病虫害图像中提取目标特征，从而代替传统依赖手工提取特征的识别方法（图 6-3）。

利用深度学习技术基于 Matlab 平台设计的可视化果园病虫害识别和危害程度分级的智能系统将迁移学习技术与 GoogLe Net 相结合构建的模型验证精度比 Alex net、VGG-16、ResNet-18、Squeeze Net 等模型提高了 2.38%～11.40%，且能在约 0.43s 时间内准确识别出果树的类型、病害和危害程度等信息。

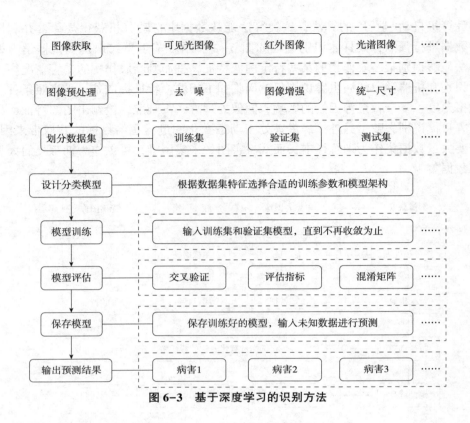

图 6-3 基于深度学习的识别方法

6.2.3 病虫害智能识别过程

病虫害智能识别过程主要包括病虫害数据获取、病虫害数据处理和病虫害识别结果的应用。

6.2.3.1 病虫害数据获取

病虫害数据集一方面可以利用现有的公开数据集获取，目前已有的较大的农业领域数据集有 Plant Village Database、IP102、AI Challenger、Plant Doc、Plant Leaves 等；另一方面，因公开数据集较少而无法满足需要时，可以自定义数据集。也可以利用可移动式高通量表型、无人机、遥感卫星数据获取平台和便携式数据获取设备进行获取。还可以搭载各类图像获取设备如数码相机、遥感、高光谱、多光谱、近红外、激光雷达等获取病虫害数据，这些设备可周期性地采集农作物生长全周期的时序数据，满足病虫害智能识别的需要。

6.2.3.2 病虫害数据处理

基于数理统计和模式识别的数据分析方法的广泛采用，使研究多源农作物病虫害数据的信息处理过程成为可能。但是农作物病虫害数据具有复杂性的特点，如图像数据中存在田间背景复杂的现象、光谱数据中存在特征波段不显著的现象等，亟待引入更加高效、智能的手段(如基于机器学习的数据处理方法、基于深度学习的农作物病虫害图像处理方法等)处理病虫害数据。

近年来,将一些深度学习方法应用于病害虫分类,以及多种病害虫检测,实现了基于深度学习的番茄叶片病虫害分类框架,平均分类准确率达89%。相对于传统的图像处理手段,深度学习的建模方法省去了大量预处理过程,仅需要将输入图像剪裁成合适的尺寸即可进行目标识别,在大幅提升识别准确率的同时还缩短了识别目标所用的时间。

6.2.3.3 病虫害识别结果的应用

在获得准确的病虫害识别结果后,需将结果展示给用户,如何利用识别结果科学地指导病虫害预测及防治尤为重要。一方面,可以在准确识别目标的基础上,进一步评估农作物患病、受害的严重情况,根据评估结果,制订相应的防治方案;另一方面,可以结合不同时期农作物病虫害识别结果所构成的时序数据,为农作物病虫害的发生提供预测预报服务。目前识别结果的应用主要体现在可视化、可解释、预测预报和防治方案等方面。

(1) 可视化

可视化技术是深度学习研究的重点之一,尤其是农作物病虫害识别结果的可视化,对实时、科学地指导农作物病虫害的预防与治理具有重要意义,很多网络开发者都提供了可视化工具,如可视化工具 Tensor Board、Mind Insight 可视化工具。

(2) 可解释

对识别结果进行解释,一方面,通过验证支撑识别结果的关键特征,帮助网络开发者确认网络的识别机理是否正确,为网络的优化和改进提供新方向;另一方面,对识别结果进行解释可以解决普通用户的疑虑,能够让用户更好地部署后续防治工作,同时所给出的解释有助于用户认识尚未发现的新规律,为未来的研究及应用指明潜在的方向。对识别结果进行解释的技术方法有反事实推理、基于事例的推理以及反向传播等方法。

(3) 预测预报

总结与归纳已识别的农作物病虫害、受害程度、受害区域、受害时间等信息,为后续的农作物病虫害预测预报工作提供有效经验和借鉴。常用的预测预报技术有静态预测预报技术、时序动态预测预报技术、空间传播预测预报技术。

(4) 防治方案

根据病虫害预测预报和评估结果,研发病虫害应急防控指挥系统,充分利用该系统丰富的数据资源,通过分析提取相关数据,制订病虫害应急防治方案,实时指导病虫害重发区域开展应急防控。

6.2.4 病虫害监测预警技术

国务院于2020年5月1日颁布施行的《农作物病虫害防治条例》指出,监测预警是做好农作物病虫害防控的前提和基础。随着病虫害监测预警技术的不断发展,进一步提高了重要作物病虫害监测预警的质量和水平。病虫害监测预警涉及病原菌和害虫数量、寄主植物种植面积以及环境条件等因素。

6.2.4.1　基于孢子捕捉技术的病害监测预警

气传性真菌病害病菌孢子体积小、质量轻，可随气流远距离传播，孢子数量是病害发生和流行的关键因素之一。以往在没有技术支持的情况下，多是依靠肉眼观测病害，这种方式耗时费力，而且当人的肉眼看到病害时，病害往往已经大面积发生，所以为了更及时地发现病害，通过孢子捕捉技术建立病害监测预警模型能够从源头分析是否有病害发生，从而让工作人员有更多的时间制定科学防控措施及时应对各类病害。病菌孢子捕捉技术根据捕捉方式的不同可分为被动撞击和主动吸入；根据捕捉方法的不同可分为水平玻片法、培养皿法、捕捉棒法、捕捉带法和离心管法等。在病菌孢子捕获的基础上，计算机图像识别处理技术的应用极大提高了孢子识别技术的工作效率，结合远程图像采集、物联网技术实现远程智能监控和识别，并通过建立预测模型实现作物病害的智能化监测和预警。

6.2.4.2　基于虫情测报技术的虫害监测预警

虫情测报系统利用现代光电和数控技术，结合智能识别技术和物联网技术以实现集成了害虫的诱捕、收集、识别、统计、监测和预警。虫情测报技术集成了害虫诱捕技术、害虫处理技术、害虫智能识别技术、数据传输技术以及预报预测技术，形成了农业虫情测报平台，实现了对虫情的预测预报功能。

6.2.4.3　基于"3S"技术的病虫害监测预警

作物病虫害的遥感监测技术始于20世纪30年代初期，主要依据健康作物和受害作物在不同波段的差异性吸收和反射特性进行病虫害监测，通过对获取的各类数据进行挖掘和分析，提取作物指数、地表温度及影像中各波段的反射率特征，结合各类智能算法和遥感气象特征，构建病虫害发生预测模型，实现对作物病虫害的监测和预警。

在作物病虫害监测过程中，GPS和中国北斗卫星导航系统（Beidousatel-lite navigation system，BDS）等卫星导航系统可以将病情、虫情和调查位置联系起来，用于确定病虫害分布和危害面积等，为病虫害防治奠定基础。基于定位系统的作物病虫害监测预警近年来发展迅速，其需要与遥感和GIS相结合进行病虫害监测预警，形成集成系统，为作物病虫害的监测预警和防控一体化提供更精准的服务。

6.2.4.4　基于农业大数据的病虫害监测预警

基于农业大数据的病虫害监测主要通过视频远程监控、红外热成像、高光谱等技术，结合视频图像分析处理，通过大数据进行图像信息建模，结合物联网技术、病虫害智能识别技术及基于深度学习的数据挖掘技术建立智能化病虫害监测系统，构建病虫害预警模型，达到作物病虫害智能化监测和预警的目标。

基于农业大数据的病虫害检测预警系统一般由园区环境参数实时监测、病虫害监测、远程控制等模块组成。园区环境参数实时监测系统通过各种传感器进行农业园区的实时监测，通过孢子捕捉仪、昆虫捕捉设备、光谱仪等设备进行病虫害信息的监测。某公司研发的一款虫情监测系统，可自动识别昆虫种类，实现自动分类计数，并通过光谱设备对植物病害进行精准分级，还有病虫害监测的光谱设备移动、捕虫设备的自动清理、孢子捕获设备的自动清理等功能。

6.2.5 精准施药技术

农药是重要的农业生产资料，对防治农业有害生物，保障农业生产安全、农产品质量安全和生态环境安全具有重要作用。施药技术的发展也直接影响我国粮食安全、人民生活质量、农作物病虫害的防治效果及我国整体生态环境。精准施药技术是智慧农业的重要技术组成部分。精准施药技术是通过传感探测技术获取喷雾靶标（即农作物与病虫草害）信息，利用计算决策系统制订精准喷雾策略，驱动变量执行系统或机构实现实时、非均一、非连续的精准喷雾作业，最终实现按需施药。

6.2.5.1 变量施药技术

变量施药技术源自精确农业思想，是一种施药量控制技术，可根据作物病虫害程度调整施药量，并可根据机具前进速度调整施药量，保证在机具前进方向上单位面积施药量均匀。根据具体实现方式的不同，变量施药技术可分为注入式变量施药技术、压力调节式变量喷雾技术和基于脉宽调制（plus width modulation，PWM）流量调节式变量施药技术。

（1）注入式变量施药技术

注入式变量施药技术根据混药方式的不同可分为喷头注入式和管路注入式两种。注入式变量施药技术是通过把药液和水分开存储，在施药时控制水的流量不变，改变药液的流量来实现变量施药的目的。这种施药方式的农药存储容器较小，减少了清洗容器带来的环境危害，但也存在一个显著的缺点，即药液浓度的变化很难达到系统要求，系统的时间延迟过长，从而导致误喷。

（2）压力调节式变量喷雾技术

压力调节式变量喷雾技术是最早应用于田间实际作业的变量施药方式之一，是指通过改变管路压力来实现变量喷雾的施药技术。通过改变压力来实现变量喷雾的喷雾方式，对雾滴的雾化特性影响最大且流量调节范围最小。雾滴粒径的大小与沉积分布及喷雾压力密切相关，所以通过改变系统压力来实现变量施药的方式对喷头的雾化沉积效果会有较大影响。雾滴的飘移和粒径大小是影响雾滴沉积效果的重要因素，通常系统设计会与压力式变量喷头相结合，来改善管道压力变化对雾滴粒径的影响。

（3）基于PWM流量调节式变量施药技术

PWM流量调节式变量施药技术是指通过控制PWM的占空比和频率来调节施药量的变量施药技术。基于PWM的施药方式通过高低电平的信号来控制电磁阀的开闭，电磁阀可快速响应系统中的信号来实现对喷头喷洒流量的精确控制。与压力式控制相比，它不需改变系统管路压力，能够实现喷头流量的实时调节，对喷头的雾化特性影响较小。与速度调节式相比，有效改善了由速度变化不连续带来的无法满足实时变量的问题。

6.2.5.2 自动对靶喷雾技术

自动对靶喷雾技术主要包括基于 GIS 的自动对靶喷雾技术和基于实时传感器的自动对靶喷雾技术。基于地理信息系统的自动对靶喷雾技术主要依靠"3S"技术获取靶标信息，经施药执行机构完成作业。随着精准变量技术不断向着低量、高效和智能化发展，对施药系统的精确性、稳定性和快速响应性也提出了更高的要求。基于实时传感器的自动对靶喷雾技术是机器视觉探测技术，红外光电探测技术和超声波探测技术等与喷雾技术和自动控制技术的结合，是精准变量施药技术的重要方向。

6.2.6 病虫害防治智能装备

6.2.6.1 病虫害智能监测预警设备

（1）智能虫情测报系统和装置

智能虫情测报系统由害虫诱捕模块、害虫识别模块、环境参数监测模块及物联网模块等组成，利用光电技术自动诱虫、杀虫、收集分装，结合智能化识别技术、环境参数监测技术和物联网技术，将收集到的害虫进行识别、计数、统计分析，通过物联网等网络传输方式将数据上传，分析环境数据和虫情之间的关系，通过深度学习技术处理分析虫情数据，实现虫情智能化监测预报预警。

虫情测报灯是目前最常用的虫害诱捕装置。虫情测报灯具有自动诱虫、杀虫、分装、识别计数等功能，能够为农技人员提供及时、准确的虫情测报服务，可广泛应用于农业、林草业、牧业、烟草、茶叶、药材、果园等领域。虫情测报灯有高空测报灯、物联网虫情测报灯、太阳能自动虫情测报灯等种类。

（2）智能孢子捕捉监测系统和装置

智能孢子捕捉监测系统和智能虫情监测系统的系统组成相似，主要区别在于捕捉装置。其系统组成主要有病菌孢子捕捉培养模块、图像获取和智能识别模块、物联网及网络传输模块、环境参数监测模块及相关监测预警平台。智能孢子捕捉系统可实现农业病菌孢子浓度测试数字化，使监测通过互联网及时了解病害的发生发展情况以及病害分布区域，及时预防农业病害的发生和蔓延。

智能孢子捕捉仪可定时处理拍摄孢子图片，自动对焦，自动上传，实现全天候无人值守自动监测孢子情况；同时，系统可远程控制自动更换载玻片，不需亲自到田间，省时省力；外部装有防水百叶，可有效防止雨水进入设备。

6.2.6.2 智能化精准施药装备

（1）变量喷雾机

变量喷雾机可以根据喷雾作业的具体环境选择喷雾介质、喷量、方向以及是否进行喷雾。基于机器视觉的变量喷雾机是由各种传感器组成的机器视觉系统，可根据作物或者土壤的不同有选择地进行喷雾。该系统主要使用了工业摄像机和图像处理方法，减少了农药损失，其工作原理是系统可以通过相机获取病虫害的数据信息，并能对应调整喷头的施药量。喷药机一般需要多喷头控制，系统组件较多，且主要采取对靶作业模式，具高效性和较强的实用性。

喷杆式喷雾机是大田管理作业中最常见的一种变量喷雾机，主要应用于小麦、大豆、甜菜等主粮作物或经济作物的施药，可有针对性地喷施杀虫剂、杀菌剂、除草剂和植物生长调节剂等。精准变量喷杆式喷雾通常利用三维激光雷达探测技术、PWM技术、冠层特征参数建模等技术，实现喷头喷雾的实时变量控制，实现精确施药的目标。喷杆式喷雾机凭借作业效率高、施药效果佳等特点成为当前农业发达国家普遍使用的大田高效精准施药机具，但其在我国的推广应用程度一直不高，仍有很大发展空间。基于大田喷杆式喷雾机的精准变量施药装备及技术研究将为喷杆式喷雾机在我国的发展与应用提供新动力，但仍存在生产成本高、维修复杂、对操作技术要求较高的缺点。

(2) 果园自动对靶喷雾机

国内外对自动对靶喷雾技术研究及应用较多，采用的探测技术包括图像、超声波、红外以及激光等，主要用于苹果园、梨园、橙园、柑橘园等果园的病虫害防治。果园自动对靶喷雾机利用树木图像采集系统采集不同树种的树冠形态图像，通过实时树木特征提取算法进行树间特征提取和树形的图像分割，根据处理结果控制喷雾系统，实现精确对靶喷雾。另外，利用红外传感探测技术研制的果园自动对靶静电喷雾机，使靶标识别间距小于 0.5m，靶标在有效探测距离(0~10m)可调。

果园自动对靶喷雾装备能够解决传统果园喷雾机无法识别靶标和靶标间空隙差异而连续喷雾造成的农药浪费和环境污染问题。相比于传统的风送式果园喷雾机，自动对靶喷雾机能够提高在目标冠层及叶片背面的沉积量，且沉积均匀，可使农药沉积利用率达到 52.5%，实现节药 40%~60%，减少雾滴的飘失及农药浪费，提高农药利用率及防治效果。

(3) 植保无人机

植保无人机是用于农林植物保护作业的无人驾驶飞机，由飞行平台(固定翼、直升机、多轴飞行器)、导航飞控、喷洒机构三部分组成，通过地面遥控或导航飞控来实现喷洒作业，可以喷洒药剂、种子、粉剂等。影响植保无人机喷药效果的主要因素有自然风力、飞行高度、飞行速度、有效喷幅等。

与地面植保设备相比，植保无人机具有地形适应性好、速度调节快速方便、雾滴覆盖率高、定点喷洒、成本低、安全性能好等优势，已成为一种重要的新型植保作业机具。随着植保无人机在我国的迅速发展，以植保无人机为应用载体的低空低量航空施药技术已逐步成为研究热点，但在施药均匀性、防治效果稳定性、法律法规和标准完善性、自身质量、安全监管、农药雾滴飘移环境污染等方面需要加强研究和管理，确保植保无人机能够真正成为专用、高效、精准的施药装备。

(4) 精准施药机器人

精准施药机器人是集病虫害识别、精准施药和自主行走为一体的智能化精准施药综合施药设备。其关键技术为病虫害识别技术、机器视觉检测、光谱检测、精准施药技术和自主行走技术。针对精准施药机器人关键技术研究，如何提高复杂环境下作物的分辨率、相似病害的识别率、作物病害的多角度选取、病害程度的标准划分、图像处理的代码优化，以及如何提高精准施药技术对雾滴的控制率、施药装备的自动化程度和药液回收率是今后精准施药机器人发展的方向。

6.3 病虫害防治系统应用案例

6.3.1 基于大数据技术的重大病虫害监测防控

2018 年，农业农村部全国农业技术推广服务中心与中国科学院（合肥）智能机械研究所、安徽中科智能感知大数据产业技术研究院在植保大数据建设方面开展战略合作，以推动大数据技术在植保领域的研发与应用，将大数据技术转化为实实在在的科技生产力。

植保大数据建设围绕农业绿色发展和种植业供给侧结构性改革，以重大病虫害绿色防控和治理需求为导向，综合应用互联网、大数据、人工智能等现代信息技术和装备，以数据集中和共享为途径，通过推进技术融合、业务融合、数据融合，整合升级现有的中国农作物有害生物监控信息系统、全国农作物重大病虫害数字化监测预警系统、全国农业植物检疫信息化管理系统、中国蝗虫防控信息系统和农药需求预测调查系统，打破信息壁垒，建设植保数据中心、信息采集系统、分析处理系统、决策支持系统和信息服务系统，形成覆盖全国、统筹利用、统一接入的植保大数据共享平台，构建全国植保信息资源共享体系，形成植保领域万物互联、人机交互、天地一体的网络空间，实现跨层级、跨地域、跨系统、跨部门、跨业务的协同管理和服务。通过建立健全大数据辅助科学决策的机制，充分利用大数据平台，综合分析各种因素，提高对病虫害发生的感知、预测、防控能力，推动植物保护向数字化、网络化、智能化发展，实现植保政府决策科学化、防控治理精准化、公共服务高效化。

6.3.2 安徽省农作物病虫害监测预警系统大数据平台

6.3.2.1 大数据平台总体建设

以农业有害生物防治整体需求为导向，以"互联网+"植保为切入点，以病虫害图文数据库为核心基础，建立"1 个云平台+N 个数据库+N 个应用系统+2 个业务平台"的植保综合服务平台。整个平台的应用由 PC 端和移动端"2 个业务平台"来实现，提供多元化的访问途径，汇集各数据库和应用系统，实现智能化、个性化服务，设计确定植保大数据平台的系统架构、业务架构、数据结构、应用架构等，完成大数据基本平台部署（图 6-4）。

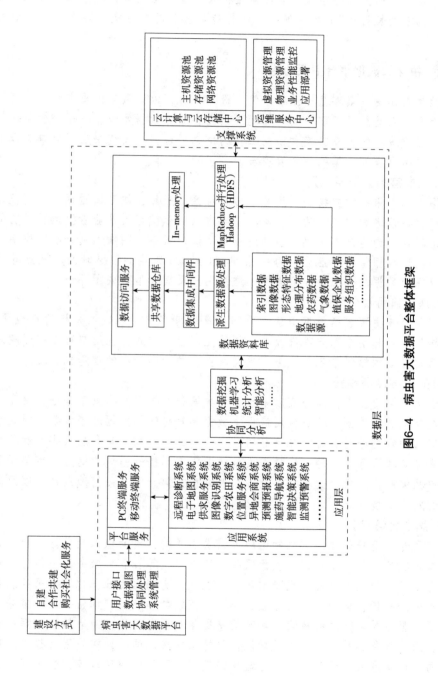

图6-4 病虫害大数据平台整体框架

农作物重大病虫害数字化监测预警系统可以有效提高病虫防控组织化程度和科学化水平,是实现病虫综合治理、农药减量控害的重要措施,也是深入开展"到2020年农药使用量零增长行动"的重要抓手,还是转变农业发展方式、实现提质增效的重大举措。

6.3.2.2 植保大数据平台主要功能

安徽省农作物病虫害监测预警系统大数据平台,以安徽省内重点发生的病虫害数据资源为主,涵盖数据获取与数据管理、数据存储与数据处理、数据分析与数据理解等任务,搭建统一的数据交换和协同工作的信息平台,建设统一应用接口支撑引擎系统,实现对病虫害大数据的综合管理与服务。

(1) 病虫害图像智能识别

在图像识别服务的支持下,用户上传目标区域照片,便可通过远程诊断技术得到作物的病虫害信息和防治方法,专家不需要进入实地就可为从业者提供及时有效的生产和防治指导,为生产者提供智能的农业灾害诊疗服务。图像识别系统的应用,也可从前端将使用数据传输至后台,每一张照片(图像)都具备拍摄时间、地点等数据信息,可以保障数据的可溯性和可靠性,通过用户反哺模型形成闭环进化。

(2) 病虫害可视化服务

可视化服务主要包括数据信息和地理信息的可视化。大数据分析的可视化展示,可以引导从业者利用信息化手段改变传统的生产生活方式,让用户可以随时随地通过手机享用到专业的植保信息化服务,提高病虫害防治和诊断的信息化程度。

(3) 病虫害监测预警

基于深度学习技术,结合实时采集与历史累积数据研发病虫草害分析模型,构建病虫害发生发展趋势图。通过应用病虫害数据感知终端等数据采集设备,对大量农作物病虫害感知数据进行实时的分析利用,实现对田间作物生长和病虫害的远程自动监测、预警等管理服务,减轻一线植保人员作业强度,提升当地的病虫草害科学管理水平和抗灾减灾能力。通过大数据平台,从业者在任何时间、任何地点都可以及时了解病虫害的发生发展情况。

(4) 病虫害信息公共服务

以满足专业用户群体的信息知识服务需求为导向,借助植保大数据平台,开展农业信息知识服务,集数字农田、供需服务、测土配方等社会化服务为一体,以解决实际问题为宗旨,为从业者提供更精细化、个性化、定制化的社会化综合服务。建立农业病虫害数据分析、访问、评估等服务接口,兼顾数据隐私、加密等保护措施,将平台作为不同服务对象之间的桥梁,实现信息交互与业务协作,为后续大数据平台的智能检索、问答服务和其他一些扩展功能提供技术支撑。同时,在使用过程中实现数据积累,通过信息录入、设备感知、终端反馈数据、网络资源获取等方法不断扩充大数据平台的信息量,构建统一的病虫草害大数据资源池。

目前,该平台已在安徽近一百个市、县植保站使用,反馈较好,规范了省、市、县植保站的工作,不仅为广大农民及时了解并控制病虫害提供帮助,使农业产业链、价值链等得到全面提升，同时也为政府相关部门及时掌握农业生产状况及灾害信息提供有效指导，对保证安徽省粮食安全、普及农业科技信息化具有重要的实践意义，也对其他地区的植保服务体系建设和其他领域的大数据资源管理具有一定的参考价值。通过建设植保大数据综合服务平台，探索植保服务新模式，实现病虫害图像识别、监测预警、智能决策、信息检索等功能，为病虫害防控提供大数据支撑，是构建智慧农业的重要组成部分。

6.3.3 湖南省农作物重大病虫害监测预警信息系统

6.3.3.1 大数据平台总体建设

湖南省农作物重大病虫害监测预警信息系统将国际领先的物联网、5G、移动互联网、云计算、遥感等信息技术与传统农业生产相结合，以农业监管、预警预报、产业布局及调整决策、数据分析与展示为主，可以实现对土地数据、产业数据、产品数据、地理位置数据等的全面收集、处理、分析和服务，推动农业产业信息化的转型升级；在农业园区及农产品生产企业层面，以生产环境预警预报、作物长势预警预报、生产决策与调控、农产品安全与溯源为主，可以将作物及环境信息进行采集、汇总和分析，通过监测网络、产业 GIS 地图，以及大数据服务，为园区及企业提供生产监管和服务，实现生产智能化、经营网络化、管理数据化、服务在线化；在种植大户和农业合作社层面，以增产、增效、降本为本，可以帮助他们更好地利用数据，管理农田变量，优化资源投入、提高产出和收益。

系统架构由数据层、框架性构建层、功能组件层和平台门户组成，并以维护与支持体系为支撑（图 6-5）。其中，数据层由历史数据库、湖南省特色病虫害数据库、国家标准数据库、资料类数据库组成；框架性构建层包括统一用户管理、统一流程管理、统一数据管理、Web 2.0 框架和 Java 技术规范；功能组件层由应用组件群、平台组件支持和安全组件群构成；平台门户包括针对系统管理员、系统业务员和广大人民群众的功能操作。应用系统、病虫监测数据和 GIS 分析分别部署于应用服务器、数据库服务器和 GIS 服务器，既相互集成又相对独立。同时，建立数据库的定时备份机制，当系统出现问题时可及时恢复用户数据，保障系统正常运行。

6.3.3.2 大数据平台主要功能

(1) 图表分析

图表分析包括多年同期柱状图、连续多期柱状（折线）图、距平图、同步增长率等分析。通过图表，可以用一种更加直观的方式将病虫害的数据呈现出来。其中，多年同期柱状图，体现的是病虫在相同生育期、不同年份之间的差异对比情况，通过查看当年数据与历史各年份间数据的大小关系，得出当年病虫害是否会大发生的预测；连续多期柱状（折线）图，体现的是病虫在一个连续时间段内的消长情况，通过查看此类分析图，可以快速掌握病虫在某一地区是成快速增长阶段还是消退阶段；距平图，体现的是当前发生数值和历史平均值的大小关系，历史平均值包括 2 年、5 年、

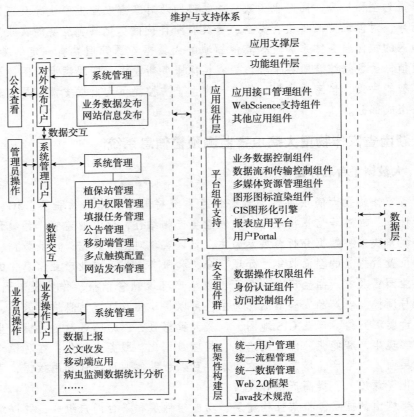

图 6-5 湖南省农作物重大病虫害监测预警信息系统架构

10 年、历年等多种数据；同步增长率，体现病虫害发生数据在一定时间段内发生、消亡的增减速率。

(2) 地理信息系统分析

基于 GIS 和地理信息空间数据建立符合湖南省病虫测报需求的地图服务系统，为湖南省植保系统提供基础地图服务。同时，又能依据不同业务需求提供不同的地图数据服务，具有较强的灵活性和扩展性。在地图服务的基础上，为湖南省植保人员提供符合业务需要的空间数据分析，掌握湖南省病虫害发生分布情况，还可以用插值算法来弥补因采样点不足造成的数据缺失。系统提供文字与图形互补、省级与市县级互动、现状与趋势结合的功能，实现病虫发生信息可视化展示和发生趋势预警。以时间为控制依据，根据选择的作物种类、病虫害种类、分析指标、分级标准、渲染风格等，在 GIS 地图上把多年不同时间段内的病虫害发生情况以连续动画的形式展现出来，可更加直观地了解病虫害发生变化趋势。

(3) 网站信息发布及其他外部系统

系统内生成的 GIS 分析图、柱状（折线）图及其他可对外公开的数据信息，可实现在更大范围内的植保信息服务。其他外部系统研发了多点触摸屏，以动态的数据图表及简捷的互动方式展现主要病虫害的发生面积、发生程度、发生趋势等情况。同时，所有的业务数据每天定时从服务器上自动同步，确保设备上展现的都是最新数据。开发了手机APP，设计了水稻重大病虫报表，植入了手持移动设备，植保人员可以在田间随时填报病虫的采集数据，通过4G/5G网络上报到省级系统，服务端接收移动端设备填报的各类业务采集数据，并将该数据入库。

6.3.3.3 系统主要特点

系统能与国家数字化监测预警系统无缝对接，每天定时将湖南省系统的有关报表数据同步到国家系统中。同时，国家系统有变动的任务和数据也会在本省系统中同步，实现湖南省系统数据库和国家数据库的紧密联动。

(1) 系统信息发布多渠道

湖南省植保系统人员可通过登录系统，汇报、查看、交流全省病虫信息；农户、种植大户、合作社等可以通过网页获取所需病虫信息；农委领导和系统各单位可通过多点触摸屏了解全省病虫信息。

(2) 覆盖面广

覆盖了湖南省七大作物近60多种重大病虫害，实现病虫监测调查数据的网络化汇报、可视化分析处理和展示。

(3) 数据更新快

系统设置了年报、旬报、月报、半月报、双周报、周报、侯报、三日报、两日报、日报等多种报表任务，全天候运行，业务人员及时通过本系统上报数据，数据更新频率高。此外，系统所有数据表全部按照国家或农业行业现行标准设计，规范化程度高，有利于数据共享。

思考题

1. 智能病虫害防治系统有哪些功能？
2. 根据病虫害防治系统的架构组成，分析每个层次的功能和相关技术及装备组成。
3. 病虫害防治系统通常由哪些子系统组成？各子系统有哪些功能？
4. 试述分析病虫害识别的过程步骤及各过程中的关键技术。
5. 试述病虫害防治涉及的关键技术及各自在子系统中起的关键作用。

推荐阅读书目

1. 植物保护学通论(第3版). 董双林. 高等教育出版社，2022.
2. 植物保护案例分析教程. 潘慧鹏，霍静倩，李晓刚. 中国农业出版社，2022.
3. 植物化学保护学(第五版). 徐汉虹. 中国农业出版社，2018.
4. 农药使用装备与施药技术. 何雄奎. 化学工业出版社，2019.

第 7 章 农业企业管理系统

农业企业管理涉及企业管理、生产管理、生产控制、资源计划管理、物流管理、电子商务和人力资源管理等方面的内容，现代农业企业管理系统充分利用计算机和网络技术，以农业企业数字资源共享为目的，解决了低下的内容处理效率与不断膨胀的内容量之间的矛盾，将企业的业务流程、应用软件、硬件、各种标准联合起来，使企业信息资源程序化、网络化，通过有效组织，使企业的整个业务、管理、资源等环节协调运转、效率优化，为管理决策和生产提供及时准确的信息服务。可实现农业企业生产、管理、产品营销的信息化、智能化，提高企业生产效率、管理水平和经营决策水平。

7.1 农业企业管理系统功能与架构

农业企业是一个复杂的社会技术经济系统，要使农业企业取得最佳效益，就必须用系统思想正确认识农业企业的经营目的，合理制定农业企业经营目标，规范农业企业经营行为，强化农业企业经营功能，使之能与外部环境相适应，即必须运用系统的分析方法去理会并解决管理与决策中存在的问题，还要充分注意系统控制原理在农业企业经营过程中的应用，才能保证系统目标的实现。

7.1.1 农业企业管理内涵

农业企业是指通过种植、养殖、采集、渔猎等生产经营而取得产品的营利性经济组织。有广义与狭义之分，广义上包括从事农作物栽培业、林业、畜牧业、渔业和副业等生产经营活动的企业；狭义上仅指种植业，或指从事作物栽培的企业。农业企业管理主要指在现代社会制度运行下，企业为推进其农业发展计划的实行、实现预期发展目标，针对能对农业企业生产过程造成影响的内部资源与外界因素等，实施计划性、目标性的组织规划与协调控制的动态过程，对农业企业进行计划、组织、协调、控制等管理以便使农业企业获取足够满意的效益。

农业企业管理首先要强化企业整体运作效率，提高农业生产水平。农业企业管理的实践与发展，不仅是促使农业企业得以正常运营的重要基础要素，更有助于强化企业整体运作效率。农业企业管理有利于企业明确发展方向，提升企业结构合理性。农业企业各项生产活动的开展除了要依靠多元政策制度支持，还需针对企业发展目标与战略制定关联管理体系，这才有助于企业更好地利用多元政策制度快速促进其产业结构在现代社会中的转型与升级。现代农业企业管理系统既能充分展示农业企业具体发展目标与方向，也能对企业发展信息进行及时收集与反馈，进而为农业企业优化其内部结构提供理论基础。企业管理还有益于收集消费需求，以此创造出当代消费者满意的农业产品。随着国家科学技术与社会经济水平的不断提升，我国农业生产结构得到了极大的优化与升级，这将对农业企业管理提出了更高要求。随着物联网时代的到来，越来越多的领域开始在现代信息科学技术支持下向智慧化转变。

7.1.2 农业企业管理要素与功能

7.1.2.1 农业企业管理的要素

对于我国农业企业来说，管理要素主要包括农业企业的形式与特征、企业经营管理的目的与任务、企业管理的体制与组织结构、企业经营的预测与决策、企业的经营战略与计划、生产诸要素的合理结合和利用、生产过程的合理组织、农产品的销售，企业的财务、成本和收入分配的管理及企业的经济活动分析等内容。对急需在管理中提高核心竞争力的农业企业来说，其管理系统构成要素之间往往存在高度的相互依存关系；这种要素间固有的强联系使得管理提升方案设计必须遵从"系统性、整体性、协同性"原则，在重点突破与整体推进相互促进中收到以点带面的效果。

7.1.2.2 农业企业管理的功能

农业企业管理功能系统层次分明，首先是管理系统输出的管理功能（即决策、计划、组织、领导、控制与调节等管理职能），然后借助于这些管理职能来促进受控管理系统发挥作用；最后达到管理系统的目标，提高经济效益、社会效益和生态效益。

(1) 输出管理职能

管理系统输出的管理职能是管理系统中的第一级职能。管理系统就是借助于多种原始信息输入，经加工后输出多种管理信息（包括决策、计划、组织、领导、控制及协调）的投入产出系统，从而构成决策、计划、组织、领导、控制和协调管理功能。

管理系统输出的各种功能都要为受管系统服务，使之按照预期目标而有秩序地运行。决策的功能是决定管理系统目标和选择行动方案；计划的功能是进一步分解决策方案和制定工作程序；组织的功能是为了完成管理系统目标而合理安排人力、物力及财力并使之在时间上协调一致；领导的功能是在完成管理系统目标时及时调度人力、物力及财力来完成具体任务；控制的功能是防止和纠正管理系统工作中出现偏差从而完成预定目标；协调的功能则是使管理系统各个方面及各个环节活动互相配合并适应环境变化。

(2) 推动经营系统运行

借助管理系统输出的管理职能，推动经营系统的运行，即实现人、财、物、信息等经营要素的结合和供应、生产、销售、分配等经营过程的运转，这是管理系统的第二级功能。

(3)实现经营目标

以尽可能少的投入获得更多的产出,这是经营系统的功能,也是管理系统的最终目标。管理系统通过输出各种管理职能并促进经营系统的运转,来实现经营目的。

7.1.3 农业企业管理系统架构

7.1.3.1 农业企业管理系统组成

农业企业系统由经营系统和管理系统组成。管理系统是适应经营系统的需要而设立,没有经营系统,管理系统就失去存在的意义;经营系统的运行有赖于管理系统的指挥和控制,离开了管理系统,经营系统就会出现紊乱,甚至瘫痪。农业企业管理系统整体架构如图7-1所示。

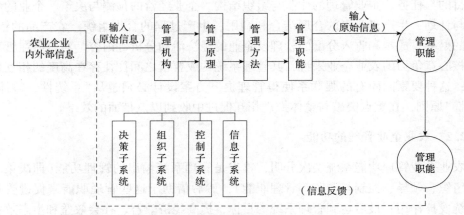

图7-1 农业企业管理系统整体架构

系统的高效运转需要各子系统的协同配合,这要求各子系统在具有高功效的同时,能够按照系统整体所追求的目标改变其功能与效能,积极配合其他子系统的活动。因此,要使农业企业管理系统整体发挥更高的功效,必须增强系统对其所属各子系统的控制能力,从而在内外部环境条件发生变化的情况下,及时地对各子系统实施宏观调控,调整各子系统利益,协调各子系统的行动。

管理职能系统结构就是指决策、组织、控制和信息反馈等各子系统之间是一个相互联系、相互影响的有机整体。决策子系统是根据外部输入信息与内部反馈信息来进行决策,并下达决策信息。领导子系统根据决策信息给管理对象下达指令信息。管理对象的运行情况(原始信息)必须及时反馈至控制系统,以便执行控制职能。当执行情况符合原定标准时,领导子系统继续执行原来的指令;当执行情况发生偏差时,必须反馈至决策子系统,以便研究纠正偏差的对策,由领导子系统发出新的指令。信息流在各子系统之间循环流动,整个管理职能系统就是一个信息流的网络。

7.1.3.2 农业企业管理子系统

(1) 决策子系统

大数据在农业企业运营中发挥了不可或缺的作用，同时也呈现出高频实时、深度定制化、全周期沉浸式交互、跨组织数据整合、多主体协同等新特性。在大数据环境下，管理决策正在从关注传统流程变为以数据为中心，管理决策中各参与方的角色和信息流向更趋于多元和交互，使新型管理决策范式呈现出大数据驱动的全景式特点，在信息情境、决策主体、理念假设、方法流程等决策要素上发生深刻的转变(图7-2)。

(2) 组织子系统

组织子系统有序高效运行通常需要包含工作专门化、部门化、指挥链、管理幅度、集权与分权、正规化六种基本要素。

①工作专门化　是指把工作活动分成单个的任务，为了提高产出，个人专门从事工作的某一部分而不是整项工作。当今的多数管理者将工作专门化视为重要的组织机制，因为它可以帮助员工提高效率。

②部门化　在决定工作任务由谁来完成之后，一些共同的工作需要组合在一起，使得工作可以以一种协调一体化的方式完成。工作岗位组合到一起的方式称为部门化。常见的部门化的方法有职能部门化、产品部门化、地区部门化、顾客部门化和流程部门化。对于需要提升竞争力的现代农业企业来说，部门的划分则是按照职能的不同。

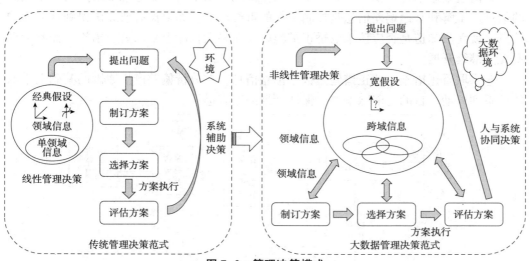

图 7-2　管理决策模式

③指挥链　指从组织的最高层延伸到最低层，用以界定汇报工作渠道的职权链。它与职权和职责紧密相关。指挥链中的管理者被赋予职权以开展他们的工作，即协调和监管其他人的工作。

④管理幅度　指组织中的上级主管能够直接有效地指挥和领导下属的数量。组织

中管理职位等级的数目则称为管理层次(级)。一个组织的管理层次多少,受到组织规模和管理幅度的影响。有效管理幅度的大小受到管理者本身的素质及被管理者的工作内容、能力、工作环境与工作条件等多因素的影响,每个组织都必须根据自身的特点,来确定适当的管理幅度、相应的管理层次。近年的趋势朝着扩大管理幅度的方向发展,这与管理者提高决策速度、增强灵活性、更贴近顾客、向员工授权和降低成本的努力相一致。

⑤集权与分权 集权是指决策权更多放在组织上层。分权是指下层管理者提供信息意见或实际做出决策的程度。集权-分权不是一个非此即彼的概念,管理者通常会选择能够促使最好实施决策和实现组织目标的集权或分权程度。

⑥正规化 是指组织中各项工作的标准化程度以及员工行为受规则和程序指导的程度。高度正规化的组织拥有清晰明确的组织描述、大量的组织规章制度及涵盖各项工作流程的明确程序。尽管一定程度的正规化对于组织的一致性和控制是必不可少的,但目前许多组织越来越少地依赖严格的规章制度和标准化来指导和规范员工的行为。

(3) 控制子系统

有效的控制子系统一般由建立控制标准、衡量偏差信息和采取矫正措施三方面组成(图7-3)。

①建立控制标准 控制标准是控制工作得以开展的前提,是检查和衡量实际工作的依据和尺度。如果没有控制标准,便无法衡量实际工作,控制工作也就失去目的性。

②衡量偏差信息 偏差信息是实际工作情况或结果与控制标准要求之间产生偏离的信息。了解和掌握偏差信息是控制工作的重要环节。如果没有或无法得到这方面的信息,就无法知道是否应该采取矫正措施以及在多大程度上采取矫正措施,控制活动便无法继续开展。

③采取矫正措施 矫正措施是根据偏差信息,在分析偏差产生原因的基础上采取的一系列行动,目的是消除偏差,保证计划的顺利进行。

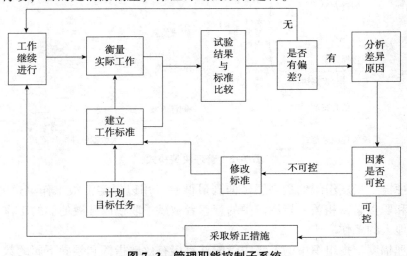

图7-3 管理职能控制子系统

7.2 智慧农业企业管理系统设计与应用

7.2.1 智慧农业管理系统设计

农业企业管理系统是能够提供实时、相关、准确、完整的数据，为管理者提供决策依据的一种软件。一般包含企业资源计划系统、数据采集与发布、智慧农业管理、商家电子商务、在线智能办公等模块（图7-4）。

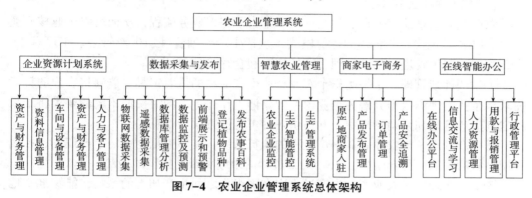

图7-4 农业企业管理系统总体架构

7.2.1.1 企业资源计划系统

企业资源计划（enterprise resource planning，ERP）系统是指建立在信息技术基础上，以系统化的管理思想，为企业决策层和员工提供决策运行手段的管理平台和统一的业务管理信息平台。它可将企业内部及企业外部供需链上所有的资源与信息进行统一的管理，这种集成能够消除企业内部因部门分割造成的各种信息隔阂与信息孤岛。企业资源计划的核心管理思想就是实现对整个供应链的有效管理，主要体现在管理对整个供应链资源进行管理的思想、精益生产、并行工程和敏捷制造的思想及集成管理思想。企业管理软件主要包括企业文档管理、财务管理、车间管理、进销存管理、资产管理、成本管理、设备管理、质量管理、分销资源计划管理、人力资源管理、供应链管理和客户关系管理等。

7.2.1.2 数据采集与发布

智慧化农业企业管理系统中的数据采集与发布模块是通过物联网和遥感等方式完成种植、养殖、加工相关数据等的智能获取。随后，数据库管理系统、数值模拟预测系统和前端展示系统可实现生产数据分析、数据监控及预测并通过展示和预警等方式实时发送给用户。其中所涉及的数据库管理系统包括数据库、数据库持久层、数据库存取层、业务逻辑层、表示控制层和界面表示层；数值模拟预测系统包括农田环境预测系统和作物生长量化系统；前端展示系统包括PC端软件和移动端应用。智慧化农业企业管理系统可以协助种植主体基于生产环境与作物生长的预测进行有效的种植管理和决策,实现企业信息管理、商品管理、基地管理、投入品管理、生产作业管理、采收管理、销售管理、标签管理、移动办公 APP 等,同时追踪产品的加工与营销环节,对产、供、销数据信息进行整合与汇总,实现产、供、销、人、财、物等各种生产经营活动的人机协调及计算机辅助决策和管理。系统可设置登记植物品种及农事百科发布模块,在进行精细化、专业化管理的同时实现专业普及示范功能。

7.2.1.3 智慧农业企业管理

(1) 农业企业监控平台

农业企业信息监控平台的建立,主要是为了完善业务流程,从而增强企业核心竞争力。ERP 是现代企业管理的运行模式,包括生产计划管理、生产管理、工序管理、采购管理、销售管理、成本管理、存货核算和仓存管理等环节。

① 生产计划管理　是平衡整个农业企业生产活动的重要工具,能够将客户的订货需求和企业的预测数据分解为企业内部的具体工作任务,同时按照不同的要求将结果传送到生产管理和采购管理中,并提供各种可行性方面的信息。

② 生产管理　是农业企业生产过程的执行系统,能够根据企业的生产任务,控制所用材料的领取,种养殖(生产、加工)过程的跟踪和产品销售的控制。

③ 工序管理　是农业产品生产过程中在多组别之间生产加工的系统,能够准确地记录各工序的生产状况和消耗人工成本,细化生产进度的跟踪。

④ 采购管理　是物料在企业内流动的起点,是从计划、销售等系统和 ERP 企业管理系统获得购货需求信息,与供应商和供货机构签订订单、采购货物,传递给需求系统。

⑤ 销售管理　是物料在企业内流动的终点,是从客户和购货机构获得订货需求后,将信息传递给计划、采购、仓存等系统,从仓库、采购等系统获得货物,传递给购货单位,完成物流管理。

⑥ 成本管理　是通过费用归集、费用分配、成本计算的过程来实现成本处理的业务流程,同时结合了成本对象、成本项目、费用要素等重要成本概念来描述整个过程,实现成本管理中费用的归集和分配,同时提供丰富的成本报表信息。

⑦ 存货核算　是对物料在其他系统循环流转所伴随产生的资金流动进行记录和成本核算,同时将财务信息传递到总账系统、应付款系统等财务系统。

⑧ 仓存管理　是物流管理的核心,是进行货物流动、循环管理控制的系统。

除各生产经营管理环节外,智慧化农业企业监控平台的高效运行源于 ERP 系统强大的数据监控与分析功能。ERP 系统的数据监控与分析模块可通过工控一体机、PDA 等终端硬件,利用条码、二维码等信息载体,多端集成实现成本预测、业务预警,生产进度、品质与设备的监控等,并实现订单、品质追溯及业务财务高效分析。

(2) 农业企业生产智能管控体系

农业企业生产智能管控体系由供应链管理(supply chain management,SCM)、销售与市场、分销、客户服务、财务管理、生产管理、库存管理、人力资源、报表、制造执行系统(manufacturing executive system,MES)、工作流服务和企业信息系统组成。

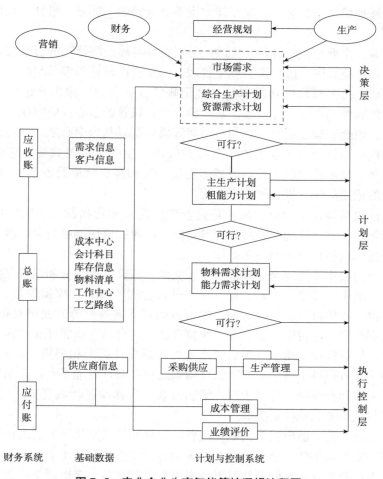

图 7-5　农业企业生产智能管控逻辑流程图

还有金融投资管理、质量管理、运输管理、项目管理、法规与标准及过程控制等补充功能，主要功能模块逻辑流程如图 7-5 所示。

①供应链管理　以企业的供应链为研究对象，即以市场、需求、订单、原材料采购、生产、库存、供应、分销发货等方面进行管理，包括生产、出货、供应商、顾客各环节的管理。供应链在整个商业循环系统中占据着重要地位，尤其是在电子商务管理中发挥着举足轻重的作用。企业供应链可消耗企业约 25% 的运营成本。供应链管理可以为企业提高预测精度；降低库存，增强发货供货能力；优化工作流程，提高生产率，降低供应链成本；降低总体采购成本和生产周期，加快市场响应速度。当今互联网飞速发展，越来越多的企业运用网络来实现供应链管理，也就是运用互联网来整合企业上下游业务，以中心制造厂商为主线，把行业上游原材料和零配件供应商、行业下游经销商、物流运输商和产品服务商和往来银行有机结合起来，构成为服务最终的电子商务综合供应链，其目的是减少采购成本与物流成本，提高企业响应市场及最终客户需求的速度，从而提高企业产品的市场竞争力。

②财务管理模块 是企业管理整体方案不可或缺的一部分,可分为会计核算和财务管理。

会计核算:主要记录、计算、反映、分析企业各项经济活动的资金变化过程及结果。它由总账、应收账、应付账、现金管理、固定资产核算和多币制、工资核算、成本等模块构成。总账模块的功能包括处理记账凭证、登记、输出日记账、一般明细账、总分类账和编制主要会计报表。它是整个会计核算的重心,应收账、应付账、固定资产核算、现金管理、工资核算与多币制等模块都以其为中心来相互传递信息。

应收账模块是指企业应收的由于商品赊欠而产生的客户欠款账,它包括发票管理、客户管理、付款管理以及账龄分析等功能,它和客户订单及发票处理业务相关,并生成相应的记账凭证,供总账导入使用。

应付账模块是会计里的应付账,是企业应付的采购货物款项的账,包括发票管理、供应商管理、支票管理及账龄分析等功能。应收账模块能够与采购模块、库存模块有机融合操作以替代过去的手工操作。

现金管理模块主要控制企业现金的流入流出,核算零用现金和银行存款。它可以实现对硬币、纸币、支票、汇票及银行存款进行管理。ERP 在票据维护、票据打印、付款维护、银行清单打印、付款查询、银行查询与支票查询等方面都有很好的应用。另外,其与应收账、应付账、总账等模块整合在一起自动生成凭证并过入总账。

固定资产核算模块是指完成固定资产增加或减少及折旧相关资金的计提与分配。它为企业的管理者提供了一个方便、快捷的固定资产会计处理平台。该系统包括了登入固定资产卡片和明细账,计算折旧,编制报表,自动编制转账凭证,并转入总账。它和应付账与成本及总账模块集成。

多币制模块是为了适应当今国际化经营的需要和外币结算业务需求而开发出来的一个新产品。多币制将整个企业的财务系统的各项功能以各种币制来表示结算,且与客户订单、库存管理及采购管理均可以用多币制进行交易。多币制与应收账、应付账与总账、客户订单、采购等模块都有联系,自动生成数据。

工资核算模块实现了企业员工工资结算、发放、核算和各有关资金的自动进行。它能够自动登入工资、打印清单及各类汇总报表,计提各项与工资有关的费用,自动做出凭证并导入总账。

成本模块是根据不同的产品结构、工作中心、工序、采购等信息进行产品的成本分析,以便进行成本分析和计划。还可以使用标准成本或平均成本法进行费用的维护。

财务管理:作用主要是以会计核算中的资料为依据,对其进行分析,以此做出相关的预测、管理和控制。重点是财务计划的编制、控制、分析和预测。财务计划是在财务分析的基础上做出下一阶段的财务计划和预算等。而财务分析是通过查询功能实现对差异数据进行图形显示,为财务绩效评估和账户分析提供依据。

③生产控制 是在计划指导下进行生产、管理的一种方法。首先,农业企业制订一个主生产计划,再经过逐层细分后,下达各个部门去实施。

主生产计划是以生产计划、预测及客户订单的输入情况,对未来每个周期所提供产品种类及数量进行安排,将生产计划转化为产品计划,经过对材料及容量需求进行权衡,准确地做到时间、数量的详细进度计划。它是指企业通过生产计划、实际订单以及历史上销售分析所获得的预测,来安排一个时期内的总活动方案。

(3) 农业企业生产管理系统

农业企业生产管理系统一般包含农事档案管理、远程设备操控、实时监控、数据查看及预警等信息,以物联网等技术为载体为企业管理提供信息。种养殖企业生产管理系统一般利用温度、湿度、光照、CO_2等多种传感器对农牧产品(蔬菜、禽畜肉等)的生长过程进行全程监控和数据化管理,通过传感器和土壤成分检测感知生产过程中是否添加有机或化学合成的肥料、农药、生长调节剂和饲料添加剂等物质;结合RFID电子标签对每批种苗(或禽畜)来源、等级、培育场地及在培育、生产、质检、运输等过程中具体实施人员等信息进行有效、可识别的实时数据存储和管理。

①农业档案管理 一般包括种养殖场地地块档案、生产管理档案、种养殖计划、作业任务、疫情(病虫害)预防、生产报表等。

场地地块档案:主要记录所在位置及区域(大棚编号/畜禽舍)、种植/养殖面积、种植品种/养殖物种、种养时间、灌溉/饲养水源、耕地质量或环境情况、工作人员情况、地块投入品使用情况和使用方法、入库量等。智慧化农业企业系统可应用GIS等的专题图制作功能通过关联的方法实现专题数据图形化叠加图,提供丰富的符合行业标准的符号库文件。通过集成GIS地图应用到业务系统轻松地实现种养地块信息数据浏览,并通过一体化查询等功能实现数据的上传和下载;运用GIS和地理统计分析扩展对研究区域或试点的样本数据进行探索性空间数据分析和归纳,然后采用克里金模型、模糊数学理论、特尔菲法、层次分析法和加法模型等分析数据。

生产管理档案:至少应该包含农业生产方案、农资/饲料档案、农业机械档案、生产岗位档案、收获/屠宰档案等。农业生产方案包括种植作物/养殖禽畜产品名称、种植面积/饲养头数、生产/饲养操作、种子化肥农药/幼畜饲料防疫药物种类及使用量配置、农作物田间/养殖场表现、作物/禽畜产品产量、生产/饲养质量标准等。农资/饲料档案包括销售方、购买时间、购买种类、购买数量、购买品质、保管条件、使用说明、保质期等。农业机械档案包括购买时间、使用说明、维护保养情况等。生产岗位档案包括岗位所需技术、岗位职权、岗位职责、岗位时间、岗位工作质量及岗位纠纷调处等。收获/屠宰档案包括收获/屠宰方、收获/屠宰资质、收获作物/屠宰畜产品种类、收获机械名称及种类、收获/屠宰时间及时长、收获/屠宰数量、收获/屠宰达到标准等。

种养殖计划:决定了生产预算的规模。种植业生产计划主要包含耕地发展和利用计划、农作物产品产量计划、农业技术措施计划、农业机械化作业计划等内容。养殖计划包括畜禽群交配分娩计划、畜禽群周转计划、畜禽产品产量计划和饲料供应计划等。

②远程设备操控和实时监测 管理者可通过智慧小程序或APP查看传感器、农机装备等硬件设备的监测数据和运行情况,包括空气温度、空气湿度、光照度、CO_2浓度、土壤情况、氨气浓度等畜禽舍空气质量指标和农业机械运行情况等多种参数,

随后依据智能决策实现精准耕作、环境调控、精准收获等。系统的中央处理器芯片和传感器能够对应用环境进行检测分析及智能化控制,并与指挥系统或操作人员进行信息交互,实现设备操控。智能控制系统可通过调整环境参数、判别要素和执行顺序,应用于不同的作业对象、作业环境或执行不同的功能。管理者可在计算机 PC 端和移动端查看种植/养殖基地的监控画面。关于远程实时监测数据,一般可通过智慧种植/养殖系统中的传感器获得,借助物联网传输技术,可在个人计算机和智能手机等终端显示设备展示。

③数据检测和预警　用户提前设置好设备的监测范围(自定义传感器的正常值范围)后,如果被监测环境(如农场)或农机装备的数值波动出现异常,用户将在计算机 PC 端和手机端收到告警短信;如果生产场地发生断电情况,则会电话联系用户,报告险情直到用户确定。这样即使管理者有事外出,收到险情的第一时间也能及时通知其他工作人员,启动紧急预案,避免生产损失。此外,系统以计算机视觉、图像识别以及深度学习等人工智能技术,智能识别作物局部照片,辨认和分析相关病虫害发生的概率,给出对应的植保用药建议和农事操作建议;将病虫危害的历史图片数字化进行叠加分析,得到病虫害发生频率分布图,再与植被类型及生物地理气候图叠加,找出最易暴发成灾的区域和气候,用于害虫发生趋势预测。

④农产品全程可视化溯源系统　为了实现对农资生产经营企业的信用监管、农资购销追溯和农资安全等统一监督管理和安全预警,智慧农资管理系统运用新一代信息技术和数据库信息系统,对农资生产、流通和使用等各个环节进行全程监管,打造覆盖某特定区域的监管和服务网络,建立农资质量安全追溯体系,构建新型农资长效监管机制。智慧农资管理系统建设内容有数据中心建设、农资监管平台建设、购销平台建设、良种购买补贴子系统建设、统防统治子系统建设等。基于云计算和大数据平台可以帮助用户进行农产品品牌管理,并为每一份农产品建立丰富的溯源档案。详见本教材第 8 章。

7.2.1.4　商家电子商务

农业企业电子商务系统是由基于企业内部网(Intranet)的农业企业管理信息系统、电子商务站点和农业企业经营管理组织人员组成的网络交易体系。涵盖电子商务的范围很广,一般可分为企业对企业或企业对消费者两种。针对农业企业管理系统中商家电子商务而言,主要包括商家入驻、店铺设置、农业产品展销、订单管理和产品安全保障等模块。互联网信息系统是电子虚拟市场交易顺利进行的核心,可保证电子虚拟市场交易系统中信息流的畅通。农业企业、组织与消费者是网上市场交易的主体,是网上交易顺利进行的前提。电子商务服务商是网上交易顺利进行的手段,可以推动农业企业、组织和消费者上网和网上交易。实物配送和网上支付是网上交易顺利进行的保障,缺乏完善的实物配送及网上支付系统将阻碍网上交易完整的完成。农业企业作为交易主体地位,必须为其他参与交易方提供服务和支持,如提供产品信息查询服务、商品配送服务和支付结算服务等。因此,企业上网开展网上交易,必须进行系统规划,建设好自己的电子商务系统。

电子虚拟市场交易系统主要由企业内部网络系统、企业管理信息系统、电子商务站点、实物配送(物流系统)和支付结算构成。此外，为保障电商环境安全，一般还会设有安全保障体系。电子商务基础平台为企业的电子商务应用提供运行环境和管理工具，以及内部系统的连接。它用来保证电子商务系统具有高扩展性、集中控制和高可靠性。

7.2.1.5 在线智能办公

在线智能办公是一种利用5G、大数据、云计算、人工智能、物联网等技术对办公环境及业务发展所需的各种软硬件设备进行智能化改造与升级，实现企业智能化硬件设施、软件环境与应用软件平台统一部署、交付与使用的新型办公模式。农业企业管理系统在线智能办公体系可将田间种植、畜禽养殖等日常管理办公电子化、网络化、规范化、协同化，可实现实时跨地域办公，是节约时间、降低成本、提高办公效率的有效方式。通过打造在线智能办公模式，农业企业可以获得更轻松、更愉悦、更高效的工作方式，工作场所更加舒适，作业工具与工作方法更加多样；工作空间更加灵活、便捷，数据收集、存储、利用更加便利，以降低运营成本，增效，创收。

(1)在线智能办公平台

通过在线网站系统及手机APP搭建在线智能办公平台，农业企业员工可以及时了解需要办理的各项事务，进行自己的日程安排、项目管理、工作计划管理等，同时可以进行自己的日常财务管理，修改个人的登录口令等。功能包括：待办事宜、我的邮件、个人工程流程管理、个人通讯录、个人日程、个人理财、个人考勤、个人任务、业务新闻、修改口令、收发短信息、设置定时提醒、查看当前在线人员情况。

(2)信息与学习

通过在线智能办公系统进行企业信息交流和共享，进行农业政策、新闻、通知、期刊、知识和规章制度的宣传，发布和管理，使企业信息和农业知识得以快速传播和转移。集新闻公告、知识管理、在线讨论功能为一体，充分展现办公无纸化，解决农业企业因地域、环境等限制因素导致的信息传递阻塞，政策传达不及时的问题。使基层农业员工可以在平台上畅通无阻地进行内部沟通学习，并通过多级管理员设置和自由定义分级的权限体系来实现多层次、多角度、多范围、多对象的全面共享管理，针对农业从业人员知识结构复杂的问题，进行有针对性的交流学习，实现高效的知识传播、转移。

(3)人力资源管理

通过智能系统提供包括招聘管理、合同管理、员工档案管理、考勤管理、绩效考评、员工报销、工资管理和培训管理等企业人力资源管理的多个方面内容。解决农业企业人员繁杂、不易管理、组织混乱的问题。人事机构管理是对不同农业生产组织结构中的人员信息进行分类管理，根据不同农业岗位人员的基本信息、履历信息、调动需求，分类别进行考勤管理，包括不同单位内部员工的自动签到、签退、请假申请、销假核准、加班申请、加班核准、生成考勤统计、考勤统计查询、员工考勤信息查询、单位考勤信息查询等。

(4)流程管理

流程管理包括公文流转(利用计算机网络的高速迅捷和计算机控制的严格准确性实现公文的处理)、用款管理(利用计算机网络可以实时完成不同农业生产单位员工的用款申请、审批、登记的过程,提高员工用款过程的工作效率,提高农业生产效率)、报销管理(实现费用报销运作的全过程)。

(5)行政平台

行政平台主要完成会议管理、农业生产用品管理、车辆管理、资料管理、固定资产管理和客户管理,提高信息处理的速度和有效性。

7.2.2 智慧农业管理系统应用案例

在改造传统农业、转变农业生产方式、加快建设高效生态的现代农业的大背景下,智慧农业企业管理系统逐步被众多农业企业应用,助力自身转型升级、增创效益。下文以山东省高青县养殖企业全链条数字化黑牛示范园为例,介绍农业企业生产管理系统的实际应用。

山东省高青县通过完善政策支持体系、创新数字服务新模式、丰富数字经济业态和等产销衔接新业态做法,打造全要素数据库,构建由智慧养殖大数据平台、信息安全中心和运营管理中心及多个子平台(数字牧场平台、大数据平台、智慧养殖与防疫云平台等)组成的"高青黑牛智慧管家产业振兴平台",同时开发了一系列终端应用程序,为每头高青黑牛佩戴电子耳标、定位项圈等物联网设备,综合形成覆盖高青黑牛养殖、屠宰、加工、销售、社会服务的信息化服务平台。

(1)系统总体建设

"高青黑牛智慧管家产业振兴平台"是以规范养殖系统及养殖溯源为基础,辅以二维码、摄像头、手机APP、监管显示屏等外设的综合性智能管理系统。系统由一个平台(智慧养殖大数据平台)、两大中心(信息安全中心和运营管理中心)和多个子平台组成。平台基于SaaS云部署,具有部署灵活、简单易行、投资低廉等特点,同时系统提供了具有开放性、灵活性和扩充性的应用服务管理平台,可以将多个产品接入,留足数据接口,可极大地提高使用方的管理水平、提升其专业形象,促进畜牧养殖管理的科学化、信息化和智能化。该系统可以和智慧牧场系统、溯源追踪系统及在线销售系统联合使用,形成全范围的数字空间和共享环境(图7-6、图7-7)。

①黑牛管家政府端 采用信息化的手段用于政府对牧场的生产、防疫、环保等起到监管的作用。此外,还包括银行、保险公司等对牛只信息的监控,通过政府统一的监管平台,解决银行贷款无法监管难题,解决保险公司无法准确确定投保的哪一头牛的难题。

②黑牛管家防疫员端 防疫员下沉到各牧场,对牧场的防疫做监管和指导。解决纸质记录的各种弊端。

③黑牛管家牧场端 用于牧场的生产管理,记录牧场牛只信息和日常喂养信息,记录育肥信息和自动生成饲料转化率。解决手动记录导致的各种弊端。

④智慧防疫云平台 依托村级防疫员及畜牧兽医社会化服务组织,抓取防疫员信

7.2 智慧农业企业管理系统设计与应用

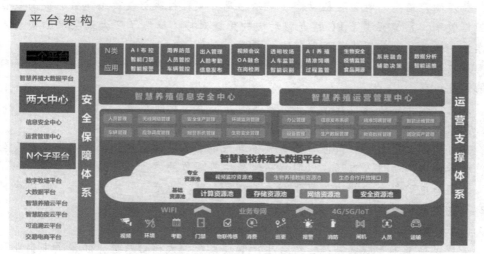

图 7-6 "高青黑牛智慧管家产业振兴平台"技术架构

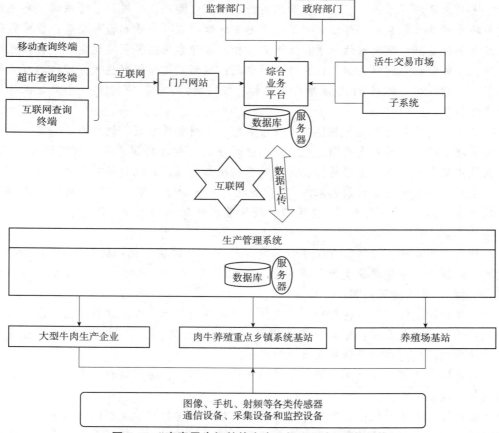

图 7-7 "高青黑牛智慧管家产业振兴平台"网络架构

息、养殖场户信息、牲畜存栏动态、防疫信息、减轻村级防疫员工作量、提高数据统计工作效率。系统实现了 PC 端与移动端的无缝对接，降低了广大基层动物检疫人员工作量，提升了动物卫生检疫监督工作效率。

⑤牧场环保云平台　主要解决牧场的粪污排放和废气利用无法使用信息化手段监管的问题。

⑥大数据平台　通过数据分析，实现科学喂养，增加产量。

⑦数字牧场平台　实现牧场的物联网化、自动化管理。

⑧可追溯云平台　防范假冒高青黑牛进入市场的监管措施，确保肉牛来源安全可靠、杜绝病害肉牛进入市场或以假冒高青黑牛等现象的发生。

⑨交易电商平台　解决牛只供需本地交易，解决生产资料本地交易，解决牛只供需交易和生产资料本地交易信息无法透明的难题。

(2) 功能

平台包括基本物联网系统、统合生产管理系统两大核心系统，涵盖黑牛企业和养殖户的生产、流通、经营等多个环节，数据接入主体包括养殖场、屠宰加工企业等，通过互联网、物联网、大数据等信息化手段，实现科学养殖、规范养殖等。

①基本物联网系统　包括环境管理系统、饮水监测系统、投料管理系统、环保监测系统和智慧耳标系统。环境管理系统主要有环境控制、检测和报警功能；饮水监测系统主要是监测牛饮用水的水质和饮水量；投料管理系统主要是实现定时投料和投料计量；环保监测系统对关键环保指标进行监测；视频监控系统有视频监控和远程访问功能；智慧耳标系统有 RFID 高频电子耳标、统一的"高青黑牛 eID"、牛群盘点等模块或功能。

②综合生产管理系统　包括生产管理系统、物料管理系统、远程诊断系统、药品免疫管理系统、食品安全追溯、生产数据分析系统、牧场环保系统、智慧防疫系统，可实现黑牛生产过程的全程追踪、科学饲养和精细管理，系统具体功能如下。

生产管理系统：生产数据录入(配种管理、妊娠管理、繁殖记录、转栏等关键环节数据录入)、生产任务管理(包括基于批次管理的转栏、免疫、用药、出栏等生产任务)；

物料管理系统：包括库存管理、采购、销售 3 个模块系统：物料的采购、入库、领用、发放等环节管理及生产厂商设置、单位设置、库存管理、物品盘点、物品库存/过期提示等信息可查询；

远程诊断系统：通过视频直播方式反映牧场疫病情况，专家远程给出诊断意见；

药品免疫管理系统：综合生产管理系统和物料管理系统，管理牧场免疫程序设置、进行免疫提醒和用药休药情况及预警；

食品安全追溯：综合生产管理系统和物料管理系统，追溯饲料、疫苗、药物、养殖过程和犊牛去向；

生产数据分析系统：包括综合生产管理、投料管理和环境管理的数据分析，如计算存栏明细，进行生产效率分析，进行牛群、种牛饲养成本、销售毛利走势、胎龄结构、非生产天数、产犊情况、死亡率和配种分娩率分析等；

牧场环保系统：粪污处理和利用、环境监控；

智慧防疫系统：牧场日常的疫苗免疫、转栏和销售的检疫检验。

(3) 效果

该管理平台将产业链中430余个关联主体接入终端系统，协同配合，提升了政务服务与社会化服务的效率与质量。构筑精准服务"新场景"，拓展终端应用场景，把系统数据作为优惠政策落实的支撑，实现优惠政策"一键直达"。建设优质畜产品直采生产基地。对接电商平台，畅通销售链，积极打造线上线下相融合的新零售体系，在线下销售基础上，与电商平台合作，实现优质畜产品"上云触网"。强化品质管控，疏通追溯链，利用追溯体系和数字监控平台，提升从生产到餐桌的全流程数字化溯源服务水平，保障畜产品优质优价。通过用户群体的分析，反馈到前端的各环节，加以调整完善让最后买单的顾客满意，企业实现更大价值。

2020年，已实现高青县全县19个牧场的黑牛养殖数据的实时可视化分析、监测及预警，高青黑牛产值超10亿元，龙头企业借助电商平台，产品48h内可直达24个国内一线城市近270家门店，销售额同比增长300%。全县5000余户农民直接从事高青黑牛养殖，辐射周边20 000余户农民从事饲草种植及配套服务，人均年增收超5000元。

思考题

1. 农业企业管理有哪些要素？
2. 农业企业管理有哪些职能？
3. 企业管理系统构成是什么？
4. 农业企业管理有哪些原则？

推荐阅读书目

1. 智慧农业概论．张慧娜．中国农业大学出版社，2022.
2. 农业企业管理学．张利庠，陈卫平，郑适．中国人民大学出版社，2021.
3. 中国特色农业现代化道路研究．国务院发展研究中心农村经济研究部课题组．中国发展出版社，2012.
4. 农业圣典．艾尔伯特·霍华德著．李季译．中国农业出版社，2013.
5. 互联网+农业：助力传统农业转型升级．李宁，潘晓，徐英淇．机械工业出版社，2015.

第 8 章
农产品质量安全追溯

农产品生产、流通到消费过程中的信息不对称和不公开，造成了农产品生产信息流的堵塞与不畅，导致农产品链中的生产、流通与销售环节存在信息脱节，从而产生农产品安全问题。而信息的缺失会使消费者在产品选择上存在盲目性，一旦发生质量安全问题，将会严重危害产品生产链的生产者与经销者。

追溯系统基于追溯码、文件记录、相关软硬件设备和通信网络，实现现代信息化管理并获取产品相关数据信息。农产品质量安全追溯系统综合运用区块链、物联网、数据库、云计算等信息技术及条码识别等前沿技术，实现对农业生产、流通过程的信息管理和农产品质量的追溯管理、农产品生产档案（产地环境、生产流程、质量检测）管理、条形码标签设计和打印、基于网站和手机短信平台的质量安全溯源等功能。农产品质量安全追溯使产品信息更透明，是解决信息不对称问题的一种有效途径。一套稳定的农产品质量安全追溯系统，能够有效联动农产品展销电商平台系统，为消费者的安全保驾护航，同时也能够联动政府食品安全监管系统，让食品安全事故无处遁形。

8.1 农产品质量安全追溯系统

农产品质量安全追溯系统是消费者购买农产品的溯源依据，是企业全面展示和营销优质农产品的利器，是政府溯源相关监督、管理、支持和决策的依据。农产品质量安全追溯系统强调每一个农产品供应链成员的参与，强调每一个关键环节信息的公开化、透明化，实现溯源信息采集、加工、传输和应用的标准化，农产品供应链成员之间、农产品供应链之间的信息共享与交流。在农产品溯源信息采集、加工、传输和应用过程中，追溯系统注重加强对农产品供应链成员产品配方、销售统计等商业机密信息的保护，以保证农产品溯源数据的保密性。

溯源层次灵活多样。在地域层次上，追溯系统可以对一个国家、一个地区、一家企业直至一个具体的生产经营环节进行溯源；在产品层次上，可以对一种产品、一个批次、一个产品的某个具体原材料进行溯源。追溯系统直接应用物种鉴别、电子编码、自动识别与数据采集等关键技术，提高农产品溯源操作的灵活性。溯源系统还能快速定位问题农产品的危及范围，及时发布风险信息，立即开展农产品召回，有效防止问题农产品的扩散，保障消费者的健康。农产品质量安全追溯系统是农产品生产到销售全流程跟踪管理，涉及农户、合作社、生产企业、农资供销商、产品销售商、政府和消费者，贯穿了生产基地管理、种植养殖过程管理、采摘收割、加工与贮藏、运输与销售、政府监管的各个环节。追溯各子系统将采集到的信息即时传送到追溯平台，最终在平台上展现出追溯全流程，实现"质量可监控，过程可追溯，政府可监管"。

因农产品溯源具有特殊性，农产品质量安全追溯体系具有以下特征。

①溯源周期长　与其他商品的产业链时间跨度相比，农产品的生长周期通常更长，整个生长过程都需要生产人员进行跟踪和管理，确保全程各时段的各项数据满足当下政策。

②溯源内容复杂多样　农作物成熟时间长、作物种类丰富，需要投入的生产资源多，溯源数据量较大，农事行为较为烦琐，溯源内容相对比较复杂。

③涉及技术种类繁多　溯源系统不仅涉及各种大数据等软件技术，对溯源系统进行分析、筛选；也涉及无线射频识别技术（RFID）、一/二维码扫描等各种技术，确保标签与农作物绑定，使数据读写正确。

④安全性高、反馈速度快　农产品安全直接关乎人们的食品安全，是农产品质量安全追溯的首要目标。在溯源过程中，要确保数据安全性和可靠性；在农产品"从农田到餐桌"的任何一个环节出现问题时，能够及时找到引发问题的节点，以避免更大的损失。

⑤可操作性强　溯源系统在给消费者带来实时实地、精准有效溯源数据的同时，能帮助生产人员进行管理操作，提升管理和生产效率，并为政企监管者提供数据统计支持，使产品生产链透明化，便于监管部门对农业的督导。

8.1.1　不同对象对农产品质量安全追溯要求

推行农产品质量安全追溯管理是加强农产品质量安全监管的重要抓手，是构建农产品质量安全管理长效机制的重要内容，更是落实责任追究的重要途径。2018年2月28日第十一届全国人大常委会第七次会议通过《中华人民共和国食品安全法》（以下简称《食品安全法》），国务院颁发《中华人民共和国食品安全法实施条例》，为进一步贯彻落实《中华人民共和国农产品质量安全法》（以下简称《农产品质量安全法》），全面强化农产品质量安全监管，消除风险隐患，依法追究农产品质量安全责任，加快推行农产品质量安全追溯管理，统一部署、规范运作，完善农产品质量安全追溯体系。我国农产品质量安全追溯工作主要涉及政府（即农产品监管部门）、农产品生产企业和农产品消费者。这三种对象有机联系，与追溯云端数据中心相互连接，构成一个有机整体，形成"一中心和三大模块"的农产品追溯体系。但不同对象的分工、职责明显不同，对农产品质量安全追溯也有各自不同的要求。

8.1.1.1　政府对农产品质量安全追溯的要求

(1) 建立健全法规制度，保障农产品质量安全可追溯

农产品质量安全追溯的核心要素是生产档案记录和包装标识，只有在法律层面对生产经营主体进行明确要求，才能推进农产品质量安全追溯管理。《农产品质量安

法》和《中华人民共和国食品安全法实施条例》的颁布与实施,《农产品包装和标识管理办法》和《全面推进"农产品标识计划"的实施意见》的出台,标志着我国农产品质量安全管理进入了法制化管理阶段。

(2) 建立农产品质量安全的追溯标准体系

农产品可追溯标准体系包括农业生产环节、包装加工环节和运输销售过程三类。农业生产环节追溯标准保证生产过程可追溯;包装加工环节可追溯标准包括前追溯和后追溯标准;运输销售过程可追溯标准要求运输企业承接供应商提供的信息,并将其转给批发、零售商。三类追溯标准形成各个监管层级间对接,各个涉农环节全面部署的标准体系。

(3) 建立与国外接轨的农产品质量可追溯体系

目前,在国际上与食品相关的是以 HACCP、ISO 22000、BRC、FSSC 22000 等为代表的体系类认证。建立与国外农产品管理体系相接轨的认证认可制度,是提高中国农产品质量、提高农产品出口竞争能力的必然要求。目前开展农产品质量可追溯体系建设工作的部门有农业农村部、国家市场监督管理总局、商务部、工业和信息化部等,需建立全国统一的信息平台和数据分析中心,制定信息接口标准,整合现有的追溯信息解决信息链条断层,为消费者提供一个可信的追溯渠道。

8.1.1.2 生产企业对农产品质量安全追溯的要求

(1) 降低企业参与农产品质量安全追溯的成本

追溯体系的运行会增加企业的运营成本,企业在利用追溯体系时产生了巨大的人力物力成本,而不互通的追溯体系又会增加企业重复的宣传成本。加大政策扶持力度可以降低企业维护运行追溯系统的压力;加强各追溯平台的互联互通能够有效节约企业的产品宣传成本并提高企业品牌影响力。

(2) 更加精准的追溯体系选择

好的追溯系统能够让企业在获得收益的同时建立及维护企业品牌形象。企业希望通过更加精准的追溯体系,实现对商品、经销商及用户的管理,实现全程数据采集及追踪,并能够对用户数据进行收集分析将其运用于后续的产品研发、生产及营销中去。

8.1.1.3 消费者对农产品质量安全追溯的要求

(1) 加强农产品质量安全追溯相关知识的普及

目前农产品质量安全追溯的市场认知度较低,大多数消费者的认知停留在"有标签=食用安全"的层面,没有扫码查溯源的习惯。消费者对追溯认知不够,不会主动扫码溯源信息,给一些卖家溯源信息造假或溯源标签重复利用提供了可乘之机。因此,消费者需要深入农产品质量安全追溯的相关宣传或学习,帮助自身了解溯源的基本概念与实现流程,以便在消费过程中维护好自身的合法权益。企业可以引导消费者了解追溯;商超也可尝试在部分产品货架上不标示价格,引导消费者购买时扫码自查。

(2) 提供更切合消费者关注的溯源信息

消费者对不同农产品的追溯信息要求不尽相同。如对西湖龙井、阳澄湖大闸蟹等较高端的特色产品，产地溯源非常重要；但对于像蔬菜这些普通产品，不同产地区别不大，产地溯源意义不大。消费者通常更看重农产品的品牌、价格、新鲜度、是否打农药、肉制品是否含抗生素等。市场上很多农产品溯源只做到了产地溯源，并未将更多品质安全信息呈现给消费者。因此，可在溯源系统设置更切合用户需求的信息，便于消费者获取追溯。

(3) 追溯信息的真实性和快速获取

在我国，可追溯数据录入和跟踪主要凭借市场主体的自觉自律，质量难以保证。为使消费者所获取的溯源信息完整、真实，建立相应的处罚机制，确保农产品质量安全追溯系统的真实可靠。另外，已开展相关统计和分析，确定每一类农产品溯源信息中最受用户关注的关键信息，便于消费者在短时间内获取。

8.1.2　农产品质量安全追溯系统功能

产品质量安全追溯系统需完整记录企业生产、制造和配送过程中各生产资料的使用情况，在各个阶段能实现对农产品的追踪；实现农产品各项情况的在线检测和实时数据上传，为企业提供真实可靠的数据与信息支持；对农产品生产基地与批发市场质量实时检测数据进行统计汇总和报表分析，实现数据的监督管理和安全预警。同时，为强化安全管理和风险控制，农产品质量安全追溯系统需实现来源可查、去向可追与责任可究。对生产数据的记录、整理和分析可以提高企业的管理水平、提升农户的生产技能、协助相关监管部门对企业安全规范生产的监管以及提升消费者对产品的认识与信任。综上所述，农产品质量安全追溯系统主要有农产品安全生产管理、流通管理、质量监督管理与追溯三项功能。

8.1.2.1　农产品安全生产管理

农产品安全生产管理是通过生产者记录的产地环境、生产流程与质量检测等生产档案信息，完成对基础生产信息的实时登记与操作预警，包括安全生产过程的管理、预警及辅助决策三个方面。具有信息全面、辅助决策、实时预警等特点。

农产品安全生产管理以生产基地为单位，以组件技术为支撑，通过分析不同生产基地的生产流程，对农产品生产履历信息进行统一管理，履历内记录产地和生产者信息、操作记录、监测信息与库存等。通过集成不同的组件，实现农作物生产过程管理（产前、产中、产后），主要包括农作物基地基本信息（生产者、产地环境等），安全生产操作信息（施肥、防治病虫害、灌溉等），种子、农药、化肥等农资（品名、防治类型、残留期等）和库存信息，农产品的基本信息和销售管理。其中，农作物生产过程信息是用户追溯与农作物产品有关的生产、加工、销售、检测等各类信息的基础。通过分析农作物安全生产辅助决策模型，对农产品生产过程实行安全预警及辅助决策，监测影响农产品质量安全的违规行为，供生产者决策应用，为生产者提出实时预警纠偏。安全生产预警及辅助决策包括农药喷施、肥料喷施和产品检测三部分。

8.1.2.2 农产品流通管理

农产品流通是指农产品中的商品部分通过买卖的形式实现从农业生产领域到消费领域转移的一种经济活动,包括农产品的收购、运输、贮存、销售等一系列环节。农产品流通管理就是对这一系列环节的管理。对该过程的管理具有外部可追溯性及内部可追溯性。外部可追溯性是指随着产品向下游企业移动而建立的,跟踪产品在整个或部分供应链中发生情况的能力,包括跟踪与产品相关的所有企业信息交换,即存在业务往来的企业间可追溯体系;内部可追溯性是指将产品和批次相结合,跟踪产品在本公司生产设施内的配料和包装等流程发生情况的能力。

农产品流通管理将各个阶段的情况录入软件平台,上传数据到中心数据库,在农产品包装时,通过一定的编码规则,生成带有产品生产档案信息的条码。在农产品流通过程中,生产企业或农户可能会与多家物流公司合作,需要进行物流信息的采集与录入。同时,每一批农产品在系统中进行经销商信息的录入,即农产品的交易记录。通过对农产品的流通管理实现产品规范化交易,通过管理农产品经营者,对农产品交易情况进行记录等功能,有效缓解当前农产品流通过程中信息不灵通、农产品交易市场不规范、市场信息传播手段落后等问题。

8.1.2.3 农产品质量监督管理与追溯

农产品质量监督管理可实现农产品生产、加工过程中的全程监控及对安全隐患的有效评估和科学预警,并综合利用网络技术、条形码识别技术等,实现网站、短信和电话号码于一体的多终端农产品质量追溯,具有管理透明、可视化控制、监控与追溯、实时报送数据等特点。实现产品追溯,可以提高农产品的安全水平,减少食源性疾病的危害,充分保障公共健康;提高公众对农产品安全体系的认识,为消费者提供全面的历史信息,使消费者了解实情,依据供方信息决定是否购买。

消费者购买到带有电子标签的农产品时,可以通过质量追溯系统中的网站、手机短信、超市扫描机等不同平台查询产品情况。农产品质量安全监管部门和消费者都可以通过对商品的追溯,实现所涉及企业的生产、销售等各个环节的查询与跟踪,监管部门可以实现对农产品安全及相关农业企业的有效监管,消费者也可以有效维权。因此农产品质量监督管理需要具备宣传与监督相关法律法规、政策措施的功能,同时具备完成企业、农产品信息库的组建、管理、查询和分配管理防伪条码等功能。

8.1.3 农产品质量安全追溯系统架构与关键技术

农产品质量安全追溯系统主要包括客户端和云端两部分。客户端有管理者端、生产者端、消费者端三部分,管理者端主要为田间管理部门提供预警阈值设置、监测信息管理等功能;生产者端主要为技术员、种植工人等田间工作人员提供预警信息推送、数据采集和记录等功能;消费者端主要为购买农产品的消费者等提供二维码追溯信息浏览等功能。

8.1.3.1 农产品质量安全与管理追溯系统架构

(1) 客户端

①管理者端　主要对农作物的生长环境、作物种植过程等进行基本控制，需要从整体上对农产品的质量进行监控（图 8-1）。构建农产品生产主体的备案准入所示机制、基础资料审核机制。对区域内加入农产品溯源的主体进行全方位全流程监管，结合农资台账管理与农资准入审核，完善农资使用规范。

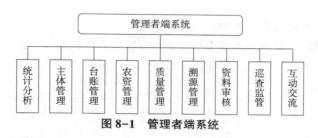

图 8-1　管理者端系统

②生产者端　从农产品种养植方案建立、农事操作记录、采收及加工批次管理到农产品销售流通跟踪，打造全流程的农产品质量安全生产管理溯源体系，并运用区块链技术为链上溯源数据进行防篡改保护（图 8-2）。同时，基于大数据中心，收集大量农产品品种、农资品类数据，构建农业数据服务应用，为用户提供高效可靠的种植/养殖生产指导和生产资料使用提示等数据服务。

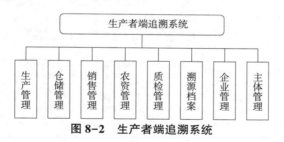

图 8-2　生产者端追溯系统

③消费者端　消费者端的用户界面可建立在微信、支付宝等公众平台上，利用公众平台的扫一扫功能对贴在产品包装上的条码进行识别，进行产品的生产历史的查询。消费者端查询页面的查询结果包括农产品的产地信息、生长环境信息、生长照片、分级、分选和包装等信息。

(2) 云端

系统的云端框架结构如图 8-3 所示，系统的云端服务功能搭建在阿里云的弹性计算服务上。云端与客户端的交互主要通过两种方式实现：

①客户端的用户认证、数据采集/接收、新闻信息等主要功能　利用 Web 应用服务器 IIS（internet information services）提供符合 REST 规范的 HTTP/HTTPS 服务与客户端交互；

②传感器、资源遥感等预警信息的消息推送功能　采用 MPush 实时消息推送模块实现。

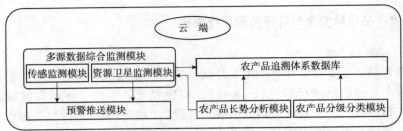

图 8-3　农产品质量安全与管理追溯系统云端框架结构

(3) 追溯系统大数据平台架构

基于区块链的农产品溯源系统架构，利用区块链技术代替集中式数据库，以超级账本(v1.1)作为区块链实现方式，基于区块链的农产品柔性追溯系统架构如图 8-4 所示。

图 8-4　基于区块链的农产品柔性追溯系统架构

①数据采集层　在供应链诸环节中，通过各类传感器、扫描仪、RFID 标签等物联网设备采集溯源数据。

②网络层　用于上传硬件采集的数据，以及完成各节点间、模块间的数据通信。

③共识层　其作用是在节点中交流并确定最终上链的数据内容及顺序，是区块链生成过程的关键环节。溯源数据会被各环节服务程序追加边缘用户的身份标识，能够准确定位到数据的发布者，确保数据的安全性。在共识层中，溯源数据在依次经过 MSP 节点身份验证、背书节点模拟执行并生成数字签名、提交至排序节点汇总等一系列程序后，最终由记账节点将数据追加在区块链中。

④存储层　系统使用超级账本作为区块链的实现方式，超级账本属于联盟链，有严格的身份验证及管理机制。整个系统的数据被分类放在不同模块的账本中存储，按所处环节划分的账本有种植、加工等环节模块账本；按模块功能划分的账本有管理账本、快速溯源账本、用户服务账本。各模块的服务程序通过互联网相互通信调用数据，相互配合完成系统的功能。

⑤事务处理层　事务处理层主要是交给追溯系统中各模块的服务程序，服务程序主要是负责本模块内的数据接收、逻辑处理与账本的数据交互、对外通信等工作，维持模块自身的正常运行并能够及时准确地反馈外界请求。

⑥应用层　是在事务处理层之上建立起来的系统应用，向不同用户提供不同的功能。应用层将用户分为边缘用户、质量监管部门和消费者三类。对边缘用户提供的功能会根据其所属的不同环节模块有差异化，对质量监管部门提供数据监控与对外发布警告功能，对消费者提供溯源数据查询与投诉建议等功能。

⑦交互层　其作用在于将应用层展示给用户，包括网页应用、手机 APP 等多种方式。

8.1.3.2　农产品质量安全与管理追溯系统的关键技术

(1) 无线射频识别技术

无线射频识别技术(RFID)是一种非接触的自动识别技术，其基本原理是利用射频信号和空间耦合(电感或电磁耦合)或雷达反射的传输特性，实现对被识别物体的自动识别。在农产品包装上加贴一个带芯片的标识，产品进出仓库和运输时就可以自动采集和读取相关的信息，产品的流向都可以记录在芯片上，条码加上产品批次信息(如生产日期、生产时间、批号等)。

(2) 一物一码防伪标签

一物一码是通过对单个产品赋予二维码标签 ID(也就相对于说给该产品附上一个身份证)，对产品的生产、仓储、销售、市场巡检及消费等环节进行信息关联管理，实现产品生产、销售、流通、服务的全生命周期管理。防伪码二维码标签解决了产品造假，防伪技术只能应用一次，提高防伪效果。一物一码技术实现一件产品一个码，呈现出防伪、营销、防窜货、追溯、IP 管控等功能。

(3) 激光打标赋码

激光打标赋码是指利用高能量的激光束作用于目标，使其表面发生物理或化学的变化从而获得可见图案的标记方式。

8.1.4 农产品质量安全追溯系统应用案例

农产品的种类很多，其中各种肉类和水果在我们的日常饮食中不可或缺。下文以生猪和水果为例介绍农产品质量安全追溯系统的应用。

8.1.4.1 生猪质量追溯系统

生猪质量追溯系统包括养殖场、物流链、市场三个阶段的追溯，这三大阶段又分为九个小环节，形成从生产者到消费者的全链路覆盖。生猪质量追溯系统组成如图8-5所示。

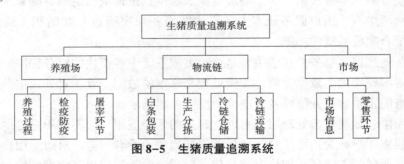

图8-5 生猪质量追溯系统

整个生猪质量追溯系统，基于区块链技术打造，系统所有的数据通过区块链上链管理、避免数据篡改，同时又能保证数据受到多方监管。对于消费者来说，生猪追溯系统可以保证农产品的可靠性，做到让消费者放心。消费者购买到生猪农产品时，只需扫描包装袋上的二维码就能获得追溯信息(包括饲养、屠宰、切割、包装、仓储、物流、配送、零售等每一个环节)。对于监管单位来说，生猪追溯系统能够做到信息透明，保证农产品的质量安全。工商等单位进行检查时，通过二维码可以追溯到农产品生产的全链路信息，当发现其中的某一环节有问题时，能够及时下架产品，保证消费环境的安全(图8-6)。

8.1.4.2 水果二维码追溯系统

消费者在购买水果时，很重视水果的生长环境、生长条件等，水果二维码溯源系统的总体架构如图8-7所示，能够提供产地、加工、包装、运输和零售的全程追溯信息。

水果二维码追溯系统可提供生长周期信息管理、企业信息管理、采摘生产加工、销售渠道管理等具体信息。

(1) 生长周期信息管理

水果从生长到上市的每个时间周期的关键信息都被记录，例如水果的种苗期、幼苗期、施肥期、施药期、成果期、上市期等记录，让水果可追溯。

操作人员：wu
操作内容：入圈静养
时间：2020-12-22 11:37:05

操作人员：wu
操作内容：主体分离
时间：2020-12-22 11:42:31

操作人员：wu
操作内容：猪舍投食
时间：2020-12-22 11:40:27

操作人员：wu
操作内容：猪饲料
时间：2020-12-22 11:38:41

操作人员：wu
操作内容：检疫检验
时间：2020-12-22 11:45:33

操作人员：wu
操作内容：猪舍清洁
时间：2020-12-22 11:40:42

图8-6　生猪质量追溯系统原图

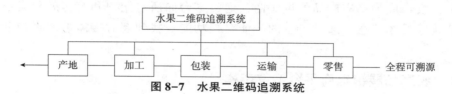

图8-7　水果二维码追溯系统

(2) 企业信息管理

用户可通过平台的企业信息管理，维护相关地理环境信息、种植信息等企业信息，建立完善丰富的企业信息档案。

(3) 采摘生产加工

根据每个批次水果的清洗、加工、包装等过程，将生产环境、生产线、生产设备、生产班组和生产工作人员等信息录入追溯系统。

(4) 销售渠道管理

读取二维码标签的信息(水果产地、装箱时间、装箱人、水果品种)，重新称重，并将批发交易双方的信息、交易时间及交易地点等信息上传二维码追溯系统。

(5) 消费者查询

消费者可以通过扫描二维码，获取水果的品牌故事、防伪查验、全程溯源、屏幕按钮链接溯源视频介绍、链接辅助购买决策页面、链接企业官方网站等信息。

8.2　农产品展销电商平台系统

在传统的实体购物体验中，农户通过层层转销把农产品售给零售商，再由零售商把商品摆至货架出售，从中赚取了相当大的差价。电子商务平台是企业或个人进行网上交易洽谈的平台。企业电子商务平台是企业在互联网上开展业务活动的虚拟网络空间，是保证企业顺利运营的管理环境。它是协调、整合信息流、货流、资金流有序、相关、高效流动的重要场所。企业和商家可以充分利用电子商务平台提供的网络基础设施、支付平台、安全平台、管理平台等共享资源，有效、廉价地开展自己的业务活动。

农产品电商展销平台属于第三方电子商务平台，具有以下特点：

①立足于第三方 保持中立立场，集成买卖双方的需求、供给信息，支撑电商活动，监控管理平台活动。

②更具专业化 进行第三方平台的信息和服务集成，创建更专业、更全面的功能，为平台的会员企业提供专业化服务，更好地发挥第三方平台的规模经济。

③以网络为依托 建立在互联网之上，具有覆盖面广、价格低廉和功能更齐全的优点。

④提高安全性 充分利用优秀的技术团队、先进的网络设备、稳定的信息系统和合理的服务构架，最大程度保证系统的稳定性和安全性。在农产品展销电商平台中，农户成为供应产品的供应商，通过平台向所有用户和游客展示自己的品牌、公司等具体信息，通过平台的智能对接功能，找到有对接需求的客户和潜在客户。

8.2.1 农产品展销电商平台系统架构

8.2.1.1 技术架构

农产品展销电商平台系统采用前后端分离的设计思路。前端负责将整个农产品展销电商平台系统用生动的图像、视频等表现形式展示给用户，用户可以通过浏览器、手机APP或微信小程序等客户端浏览整个电商平台。后端则是负责处理整个农产品展销电商平台系统的业务流程、数据处理等，是整个系统的灵魂所在。

电商平台系统可分为数据表现层、数据转换层、数据处理层，所有数据都会存储到数据库中。农产品电商平台系统应对的访问量和处理量庞大，因此为了增加整个平台的稳定性，减少用户响应的延迟，可以使用微服务架构SpringCloud（一套利用分布式架构解决微服务架构应用框架）。通过微服务架构技术，可以将一个后端视为多个共同运行的后端，相当于开辟了多个窗口来接待客户。系统中搭建了微服务集群，每个微服务部署在服务器上，各微服务可以独立运行。微服务首先需要向一个管理各微服务的管理服务器注册信息，相当于上班时的打卡，告诉系统工作人员已经上班了，可以接受客户的业务请求。当系统收到业务请求时，会先查看已经注册的微服务，并将业务分配给空闲的微服务。

8.2.1.2 功能架构及主要环节

农产品展销电商平台的逻辑架构着重考虑功能性的模块设计，明确系统功能模块内容，将功能相同的内容划分到同一个功能模块，从而降低技术复杂性。

(1) 前台购物管理系统

顾客用户使用前台购物网站进行购物，根据需求分析的结果，前台购物网站划分为登录管理、购物管理、个人中心、系统信息四个模块，其功能如图8-8所示。登录管理、购物管理、个人中心、系统信息模块的划分尽可能降低模块之间的耦合性。

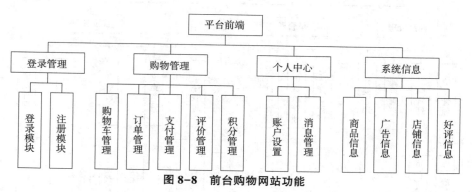

图8-8　前台购物网站功能

① 登录管理模块　包含登录模块和注册模块，未登录用户将商品加入购物车时会转至登录模块，登录模块具有复用性。

② 购物管理模块　包含购物车管理、订单管理、支付管理、评价管理、积分管理。

③ 个人中心模块　包含对顾客个人信息的管理，包括账户管理和消息管理。

④ 系统信息模块　包含系统内所要展示的所有信息，包括商品信息、广告信息、店铺信息、好评信息，网站布局要充分容纳各个内容并合理布局。

前台购物系统面向的是顾客用户，完整在线购物流程如图8-9所示。主要功能包括商品浏览、用户注册、会员登录、会员管理、收藏管理、订单管理、购物车管理、确认订单、提交订单、订单支付、查看物流、确认收货、商品评价。

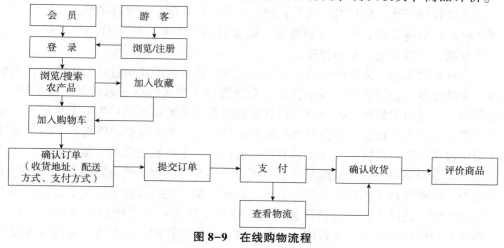

图8-9　在线购物流程

(2）后台管理系统

店主用户使用后台管理系统对网站基础信息进行管理，根据需求分析的结果，后台管理系统划分为商品管理、订单管理、首页管理三个模块，其功能如图8-10所示。

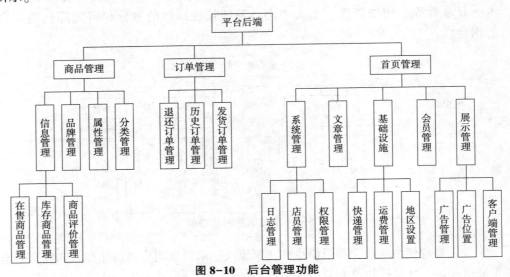

图8-10　后台管理功能

①商品管理模块　主要包括商品信息管理、品牌管理、属性管理、分类管理四个子模块。分类管理子模块是对农产品类别进行的管理。属性管理子模块是由于某些类别具有独特的属性，为方便管理，设置了类别属性的管理。品牌管理子模块源于商品属于不同的地区或者品牌，因此对商品的品牌做单独管理。商品管理模块的信息管理子模块包括库存商品管理、在售商品管理、商品的评价管理。下级库存商品管理子模块中可新增、查询、查看、编辑、删除库存商品，同时可批量导入商品信息，可上架为在售商品。下级在售商品管理子模块中，可批量推荐、设新品、设精品、设热销、删除、下架商品。下级商品评价管理子模块中可修改、删除顾客的评价信息。

②订单管理模块　包括退款订单管理、发货订单管理、历史订单管理。发货订单管理子模块包括待发货订单的发货处理、退款订单的查看；历史订单管理包括已发货、已取消、已收货的订单的管理。

③首页管理模块　为系统配置、通用信息等。首页管理模块包括系统管理、文章管理、基础设置、会员管理、展示管理。系统管理子模块包括日志管理、店员管理、权限管理。下级权限管理子模块将后台管理的所有菜单汇总存储，为每个菜单入口及菜单内所有功能入口设置权限，并将权限分配给角色，来实现权限管理。下级店员管理子模块包括为店员设置角色从而具有相应的权限。下级日志管理子模块中记录了所有的操作及登录信息。权限管理与日志管理子模块具有后台系统全局性，需加入登录初始化中。文章管理子模块为店铺的公告、咨询信息。基础设置子模块中包括快递管理、运费管理、地区设置。会员管理模块中管理了注册到本系统的顾客用户资料信息。展示管理模块中包括广告管理、广告位置、客户端管理，主要用于对前台可配置

菜单的管理。

后台管理系统面向的是店铺员工用户，帮助他们维护商品信息，管理前台商城，后台管理系统用例如图8-11所示，主要包括店铺员工登录、店铺员工管理、商品分类管理、商品管理、会员管理、文章管理、订单管理、客户端管理等功能。

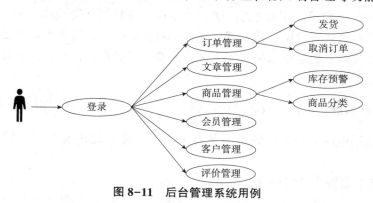

图8-11　后台管理系统用例

8.2.2　农产品展销电商平台优势与特色

8.2.2.1　农产品市场现状及存在的问题

目前我国农产品市场现状是农民所生产的农产品难以销售，而市民在市场上也难以购得称心如意的农产品，产生这种现象主要源于农产品销售渠道有限、供需消息不畅，缺少有效的农产品交易平台。

(1) 农产品销售渠道有限

我国大部分农村地区土地肥沃、农作物长势喜人、单亩产量有效增长，但主要依靠在农村的小集市零售，或是低价批发给商贩，多年不变的单一销售模式导致农产品售价低廉、销量有限，甚至出现滞销的现象，是近年来农民增产不增收的主要原因。

(2) 农产品供需信息不畅

农产品市场的现状不仅是销售渠道有限所导致的，其供需消息不畅也是原因之一。农民多年不变地按照自己所熟悉的种植形式和品种进行农产品生产，不了解、不注重市场需求，缺乏信息化支持，存在明显的信息不对称、供需错配问题。这就需要大力优化建设电商综合服务体系，引导农民进入并使用电商市场，使农产品生产者不断了解、时刻洞察市场需求，知道购买者需要什么农产品，农民为市场提供其相应的农产品，这样才能有效地构建良好的供需关系，农产品才会有销路。

8.2.2.2　电商平台的应用价值

在农产品的销售中借助电商平台能够在物流发达的时代实现地方特色农产品的购买。借助电商平台不仅能够有效解决地方特色农产品运输过程中产生的问题，也能够优惠消费者，实现有需求就可以购买的愿望。地方特色农产品以电商平台模式进行销售，以此拓宽原有的销售渠道。电商平台以一种线上交易模式来实现农产品销售数量的增加,不仅可以实现地方特色农产品销售的专业化发展,还可以针对地方特色农产品的区域性与稀缺性,提升电商平台的技术延展性和品牌效能。借助电商平台,地方特色农产品能与外界实现良好的销售与交流,从而为地方农业经济的稳定发展提供保障。

"十三五"以来,我国进入经济新常态发展关键时期,而国家层面也正式推出了供给侧结构性改革政策,明确"去产能、去库存、去杠杆、降成本、补短板"的五大任务。电商平台基于现代网络技术真正服务于农业生产中,表现出自身发展积极的一面,从整体上提高农村电子商务服务水平,完善供应链模式,在农村电商供给侧改革进程中起到重要作用。

8.2.2.3 农产品展销电商平台系统的优势

农产品展销电商平台可以满足消费需求的多样化和促进农业产业结构调整两大优势。

(1) 满足消费需求的多样化

当代电商平台已发展成为便民利民的服务平台,致力于满足消费者的个性化需求,开发消费者的潜在消费能力。在销售商品的同时,能运用大数据技术,分析用户足迹,精准推送相关产品,节省用户搜索时间,使消费者方便快捷地找到自己需要的产品。运用大数据进行精准营销,准确分析消费者对产品的选择喜好和趋势走向,实时掌握用户需求及动向,在满足多元化消费需求的同时,能有效促进产品销售。

(2) 促进农业产业结构调整

电商平台与农产品融合发展是促进农村经济发展、推动产业结构调整的新动能。依托电商平台,农户可以建立自己的网上商店,实现产前营销、产中销售、售后服务,进而形成自己的特色品牌,扩大农产品的影响力,根据平台反馈的消息实现精准供给。调整农业结构将农业由单一制转向多元制,促进农业供给侧结构性改革。按照"盘活农村资源,链接城市消费"理念,打通从田间到城市餐桌"最后一公里",切实激活产业布局、劳动就业、农产品销售等各类资源,实现"精准滴灌",达到农民致富、农业发展、农村振兴的目标。

8.2.3 农产品展销电商平台应用案例

下文以已经上线运行的某生鲜平台为案例,来加深电商平台系统整体架构的理解与应用。

8.2.3.1 生鲜平台的系统设计与构成

该生鲜平台的系统设计分为首页、全部商品、购物车和我的(用户信息)四个基本模块。首页模块由网站公告信息、热销产品的特写广告和品牌故事等构成;全部商品模块列举了该平台所有的商品,包括价格、已销售数量等信息;购物车模块保存用户挑选的物品,方便统一结账;"我的"模块即用户信息模块,提供用户余额、优惠券等信息及订单信息。

8.2.3.2 生鲜平台的系统功能与运行效果

(1) 首页模块

首页模块大致分为公告栏、广告栏和故事栏三个部分。公告栏用于公告一些重要信息，广告栏用于放置一些热销产品的广告，故事栏放置一些品牌宣传片。

(2) 全部商品模块

全部商品模块有搜索栏、筛选栏和商品信息栏三大功能。在搜索栏，输入关键词，网站将会提供相应商品页面。在筛选栏，可以根据"综合""销量""新品""价格排序"对商品进行筛选操作。商品信息栏列举了各种农产品的信息，包括商品实物特写、价格、销量。

(3) 购物车模块

用户在"全部商品模块"挑选农产品时，可添加到购物车，方便对所选农产品进行统一支付。在购物车下方有一栏"为您推荐以下商品"，会根据用户的消费习惯进行推荐。

(4) 用户信息模块

用户信息模块主要用于展示用户的信息，包括余额、积分、优惠券等信息以及查看订单信息。消费者也可以在这个模块下对账户进行设置，如收货地址、收货人、收货电话等个人信息。值得注意的是，该生鲜平台是基于微信平台设计，因此并无用户注册模块，直接获取微信账户信息作为用户信息。

8.3 食品安全政府监管系统

食品安全政府监管就是政府运用食品安全领域的准入、价格的制定、资金的筹集和信息的透漏来对企业和个人实现管理，目的是保障食品安全，防止出现重大食品安全事故，对整个社会的正常、高效运行造成影响。

8.3.1 食品安全政府监管体系

食品的质量与安全是保证大众健康与营养的根本，是实现人类社会发展的前提。如何提高食品安全水平、防范食品安全风险、放心食用食品，是食品安全亟待解决的问题。在《食品安全法》的指导下，构建食品安全监管体系，制定有针对性的监管制度，形成多元主体参与的社会监管模式，为保障食品安全提供有效的体系支撑。

食品安全监管体系可以增强食品市场的全方位安全监管。一个完整的食品安全监管体系包括相应的法律法规、监管主体、标准体系、监管机制和保障制度(图8-12)。法律法规是开展食品安全监管的纲领性文件，为开展食品安全监管工作提供了方向和范围，是明确监管主体、规范标准体系、建立监管机制、设立保障制度的根基。监管主体是完成食品安全监管任务的职能部门，各监管机构的权责划分都不相同。标准体系是为评估某食品的质量安全是否合格而制订的统一标准。监管机制是针对食品生产加工各个阶段实现有效监管的一系列方案或制度。保障制度为进行高效的食品安全监

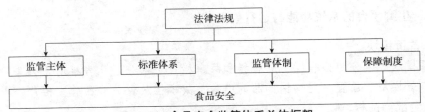

图 8-12　食品安全监管体系总体框架

管提供辅助。这五个部分在体系中彼此独立又相互联系，让监管更加全面。

8.3.2　食品安全政府监管系统的功能要素

食品安全监管体系本质上是一个系统，是由法律法规、监管体制、监管制度和社会共治四要素共同形成的集合体。在监管体系中，每个构成要素都会对整个体系的行为与性质产生一定程度影响，存在相互关联、作用、影响和依存。以政府为主体，以具体制度为载体，在法律法规前提下，构建适应社会需求的食品安全监管体系，其结构如图 8-13 所示。食品安全监管体系有清晰的边界，监管效率与效果同时受到内外部因素的共同影响。

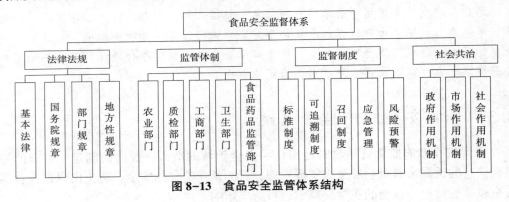

图 8-13　食品安全监管体系结构

8.3.2.1　外部因素

食品安全监管体系外部影响因素主要包含环境、技术与人员交流因素。环境因素是指一个组织的活动、产品或服务中与环境发生相互作用的要素；技术因素是指在某一个时间点的空间食品安全技术；人员交流是指随着国际贸易的不断加强，若出现食品安全问题，会迅速蔓延到其他国家和地区。

8.3.2.2　内部因素

食品安全监管体系内部影响因素涉及较广，可分为监管主体、监管客体、监管手段三类。监管主体是指可以对食品安全进行干预的全部相关方，如行政机构、消费者、司法机关等；监管客体是指参与食品研究、生产、运输、储藏、销售和原材料相关的个人与单位；监管手段是指经济、法律、行政、技术方法等。法律法规是食品安全体系建立的基本前提，不但可以预防食品安全事件的发生，还可以对事件负责人进行追责与惩罚。

8.3.3 食品安全政府监管系统解决方案

食品质量的安全程度，是衡量国家管理制度、管理水平的一个关键环节。"民以食为天"体现了食品的必要性，"食以安为先"体现了食品安全的重要性，食品安全是人们健康生活的基础。

8.3.3.1 食品安全领域监管现状

根据统计显示，我国约有3500项食品标准，其中2600项有关食品安全，涵盖基础规范、产品标准、行为要求、检验方式，大致形成了比较健全的食品监管标准系统。但目前仍未能够切实体现出应有的监管效果，主要原因如下：标准的技术含量比较低，尤其和现有国际标准存在着非常大的差距，只有40%等效或者同等实施国际标准，14.63%为行业标准，覆盖面较窄；标准不配套，在标准个体间、生产到流通的整个过程之中都有所体现；存在一连串机构的标准不能聚合，容易影响重复以及空白的食品安全准则的产生。

8.3.3.2 发达国家食品安全领域监管经验

欧盟权力机构实施统一化监管。在欧盟多个国家出现过疯牛病，所以欧盟委员会特别关心食品安全。在这个背景下提出了《食品安全白皮书》，设立了欧洲食品权力部门。依托食品权力部门职权落实，以统一化方式为主，执行欧盟食品安全管理，其基本法律为《通用食品法》。

美国食品安全监管的实施方式与欧盟存在着较大差异，以联合监管为主，将食品安全职责的相关内容进行有效分析与资源整合，形成全面有效的食品生产安全监管系统。其中，卫生检验署（APHIS）、农业部食品检验署（FSIS）、卫生部食品药物管理局（FDA）是美国食品安全的法规机构。FSIS是以家禽与肉类等食品为主的生产与进口检验部门，通过综合检验，规避动植物疾病问题的发生；FDA则是以生产与进口洲际贸易食品为主。

加拿大对食品健康施行极其严苛的认证过程。2022年7月6日，加拿大公报上公布了对于该国食品行业两大基础法律——《食品药品条例》及《食品安全条例》的修订结果。

日本施行两个机构集权监管。法律上，对农林水产省和厚生劳动省实行了明确的界定。作为食品安全管控主体，农林水产省聚焦在监控食品品质管理的体系，厚生劳动省重点检验进口食品、管理食品标签、监督生产食品的条件和场所、监督食品规格和卫生质量、审批生产使用的食品添加剂以及新食品，拟定食品安全衡量准则以及政策规章等。在食品加工时，除按照厚生劳动省要求使用的食品添加剂范围以外，生产食品的企业不允许应用、销售、进口与制造其他添加剂。此外，食品安全委员会评价食品添加剂的安全健康影响。

总之，发达国家食品生产行业的安全监管特征是：工作明确和清晰，公众能够积极参与；有完善的食品质量安全法律系统；每个部门之间联系密切，能够协调配合；政府部门的分工清晰；精简监管过程和系统。

8.3.4 系统方案设计

8.3.4.1 解决方案主要内容

以实际需求为出发点，首先全面调查食品生产领域安全监管的实际需求，掌握相关的一系列工程流程，确认系统要完成的功能和实现手段。在设计系统时应用SSH（Struts+Spring+Hibernate）框架，系统实现采用MVC（模型-视图-控制器）结构，详尽设计一系列功能和相应的数据库。系统具备各类报表、监管统计、企业质量档案管理，任务信息管理查询、举报投诉、应急处置、责令改正、巡查信息查询，以及系统管理设置等功能。

8.3.4.2 系统方案需求

（1）统一化管理

对全区域食品生产安全监管的数据资料及信息进行统一管理，重点解决历史数据较难保存或者遗失与不集中、历史数据查询和检索较为困难或者各业务科室的数据互相分离的问题。

（2）规范流程

提高食品质量安全监管的严谨性，规范工作流程，可采取以下三项措施。

①系统结合登录者的职务、辖区、部门等划分权限，明确监管责任，可划分为一般工作者、行政执法者、科队所长，以及局领导。

②基于工作需求与目标执行的自定义操作，提前预订出相关安全监管流程，确保程序化、统一性地描述监管过程中存在的问题，防止出现随意性与无序性工作。

③确保资料数据保存、档案一致性，以及历史数据的完整性。

（3）提高效率

共享监管工作者之间的信息，以信息化手段进行一切操作，以此提高质量监管工作者的效率。

（4）决策支持

为领导决策的科学性提供数据支持。主管领导在监管历史数据的过程中，其宏观发展要求及具体客观数据的分析，都能探究质量监管的实际情况，从而提高决策的科学性。

8.3.4.3 系统角色分析

（1）政府

在食品质量安全监管上，政府应当注重信息服务，共享行政资源。可以通过食品安全政府监管系统，查询相关食品厂家的信息，找到相关产品信息和奖惩记录。政府能够实施区域化管理，非常明确某个地方生产相同产品厂家的质量监控现状，以及生产厂家的数量。同时,借助地图工具进行企业定点检索,实现定位化管理操作,进而将市场信息公开,防止徇私舞弊,最终更加有效地监管食品质量安全。

(2)生产者

企业可借助此系统明确获得奖惩和接受质量检查,而且系统能提醒生产企业规范生产。

(3)消费者

市场主体为消费者,借助该系统能够在地图中了解生产企业的基本情况,实时查询企业的质量检测信息,实现社会舆论监督以及商品购买。

8.3.4.4 系统设计的原则和目标

(1)可管理

食品安全政府监管系统的用户大都出身于非计算机类及相近专业,这就要求系统管理的亲和性比较高。用户可以完成系统的个性化设置,系统管理性能越高,用户适应系统的速度越快,花费时间越少。

(2)安全性

对于食品生产安全,所搜集到的数据和分析结果具有非常重大的意义,务必确保数据安全存储。数据传输时,也应确保数据安全。安全性还包括数据保密性、完整性、用户登录安全、检测分析结果等。在综合设计系统时,必须兼顾数据和系统安全。

(3)符合食品生产工艺或安全监管流程

在对食品安全进行监管时,为确保数据准确,务必根据工艺或流程要求,综合设计系统功能和数据类型。

(4)面向对象开发思想

将对象抽象为事物,能够和人们的思维方式相统一,有利于系统功能的扩展。

(5)实施企业级 Java EE 开发

分析主流软件开发技术,开发平台采用 Java EE,有助于提升软件系统的开发效率。

(6)开发模式 B/S

要求有生产者、消费者和政府部门的用户,一起合作完成食品生产的安全监管系统。务必确保跨平台设计、应用,能够使数据信息无缝衔接交流。

8.3.4.5 方案总体设计

根据食品安全监管需求分析,实施服务端与用户端分离的多层结构技术。选用 B/S 架构,系统升级时,只需升级服务器端软件,降低维护成本。

从用户实际需求出发,通过对食品安全政府监管需求分析,食品安全监管方案需要实现系统管理设置、责令改正管理、任务信息管理查询、举报投诉管理、应急处置管理、行政执法立案管理、企业质量档案管理,以及监管统计与报表八大模块(图 8-14)。

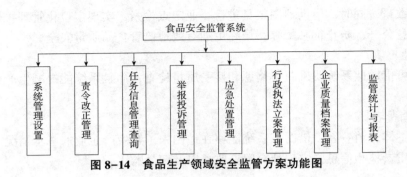

图 8-14　食品生产领域安全监管方案功能图

8.3.5　食品安全政府监管体系案例

8.3.5.1　"全国12315平台"食品安全政府监管体系设计与构成

"全国12315平台"是全国食品安全问题投诉举报平台，是我国食品安全管理体系的重要组成部分。该平台主要由投诉报告和管理系统、投诉分析处理系统、投诉解决系统和信息管理系统组成，能为公众反馈食品安全问题提供单一、方便和可访问的渠道。该平台的设计旨在通过收集和分析食品安全事件数据、跟踪和解决投诉问题、公开信息，完善我国食品安全管理体系，提高食品安全系统的透明度、问责制和公众信任度。该平台与相关政府部门和组织密切合作，能够及时调查和解决食品安全问题。除了接收和解决投诉，"全国12315平台"还为公众提供有关食品安全和健康饮食习惯的教育和信息资源，有助于提高公民对食品安全文化的认识。在食品安全监管体系中，"全国12315平台"是保障公民获得安全、健康食品的重要工具。

8.3.5.2　"全国12315平台"功能与运行效果

(1) 注册模块

消费者需要先注册后，才能够进行投诉或举报。消费者在注册并登录后，可以在账户信息中查看"我的投诉""我的举报"等历史信息，同时还可以维护自己的账户信息、实名信息。需要消费者填写用户名、登录密码，并输入用于接收验证码的手机号；账户信息填好后，还需进行实名认证环节，消费者需要使用相关的证件提供实名信息用于认证。

(2) 投诉流程

消费者投诉的流程为"选择投诉单位—填写消费者信息—填写业务信息—投诉完成"。在整个流程中，需要消费者提供商家信息，用于市场监管部门联系商家解决问题；提供消费者相关信息，用于市场监管部门确认消费者的情况；提供业务信息，用于市场监管部门确定业务情况，划定商家违规内容，其中业务信息需要消费者提供证据，确认商家违规信息。

消费者举报流程和投诉流程是一致的，需要消费者举证并提供单位或企业信息。

思考题

1. 农产品质量追溯系统可以解决哪些问题？
2. 线上销售农产品时，怎样才能确保农产品的质量都得到保证且不会有太大变化？如何让消费者放心大胆购买农产品？
3. 如何设计食品安全政府监管系统的功能要素？

推荐阅读书目

1. 农业应用系统开发案例．张娜．中国林业出版社，2017．
2. 数据库系统概论(第5版)．王珊，萨师煊．高等教育出版社，2014．
3. 云计算(第三版)．刘鹏．电子工业出版社，2015．
4. Java EE 开发技术与案例教程(第2版)．刘彦君．人民邮电出版社，2020．
5. 区块链技术与应用．辜卢密．高等教育出版社，2022．

参考文献

曹靖，宋娇红，王冰，2019. 农业水肥一体化智能灌溉控制系统开发与应用[J]. 中国农业信息，31(6)：116-122.

代东亮，刘志红，赵存，等，2021. 人工智能技术在畜牧业中的应用进展[J]. 畜牧与饲料科学，42(5)：112-119.

方圆，张立新，胡雪，2020. 基于无线传感器的棉田土壤墒情监控系统设计[J]. 农机化研究，42(11)：71-75.

葛翔宇，丁建丽，王敬哲，2020. 一种基于无人机高光谱影像的土壤墒情检测新方法[J]. 光谱学与光谱分析，40(2)：602-609.

韩云，张红梅，宋月鹏，2020. 国内外果园水肥一体化设备研究进展及发展趋势[J]. 中国农机化学报，41(8)：191-195.

何青海，孙宜田，李青龙，等，2015. 基于模糊控制的水肥药一体化系统研发[J]. 农机化研究(8)：203-207.

胡春杰，杨溯，陈智，2021. 基于北斗卫星与GPRS的土壤墒情监测系统[J]. 人民黄河，43(8)：159-162.

胡培金，江挺，赵燕东，2011. 基于zigbee无线网络的土壤墒情监控系统[J]. 农业工程学报，27(4)：230-234.

江洪，2015. 智慧农业导论[M]. 上海：上海交通大学出版社.

科恩 P R，费根鲍姆 E A，1991. 人工智能手册·第三卷[M]. 北京：科学出版社.

李道亮，2012. 农业物联网导论[M]. 北京：科学出版社.

李道亮，2021. 物联网与智慧农业[M]. 北京：电子工业出版社.

李道亮，刘畅，2020. 人工智能在水产养殖中研究应用分析与未来展望[J]. 智慧农业，2(3)：1-20.

李伟越，艾建安，杜完锁，2019. 智慧农业[M]. 北京：中国农业科学技术出版社.

李小涛，黄诗峰，宋小宁，2013. 卫星遥感结合地面观测数据的土壤墒情监测分析系统[J]. 水利学报，44(S1)：116-120.

李佐华，李萍萍，2003. 温室蜜柚病虫害、缺素诊断与防治系统的研究[J]. 农机化研究(2)：187-188.

刘华海，张序萍，2015. 企业管理创新的理论与实践[M]. 北京：中国矿业大学出版社.

刘建波，李红艳，孙世勋，等，2018. 国外智慧农业的发展经验及其对中国的启示[J]. 世界农业(11)：13-16.

刘艳霞，刘松叶，2012. 现代农业企业经营与管理基础读本[M]. 北京：科学普及出版社.

芦天罡，张辉鑫，唐朝，等，2022. 基于农业物联网的日光温室智能控制系统研究[J]. 现代农业科技(2)：147-151.

鲁军景，孙雷刚，黄文江，2019. 作物病虫害遥感监测和预测预警研究进展[J]. 遥感技术与应用，34(1)：21-32.

牛寅，张侃谕，2016. 轮灌条件下灌溉施肥系统混肥过程变论域模糊控制[J]. 农业机械学报，47(3):45-52.

潘锦山，2010. 基于3G混合网络和GPS技术的果树移动专家系统(FMES)的构建[D]. 福州：福建农林大学.

史东旭，高德民，薛卫，等，2019. 基于物联网和大数据驱动的农业病虫害监测技术[J]. 南京农业大学学报，42(5)：967-974.

孙锋申，马伟顺，李合菊，2017. 精准水肥药一体化灌溉控制系统[J]. 电子技术与软件工程（8）：141.

孙忠富，曹洪太，杜克明，等，2006. 温室环境无线远程监控系统的优化解决方案[J]. 沈阳农业大学学报，37(3)：270-273.

谭玫芳，陈顺三，汪懋华，1996. BP神经网络在奶牛体强判别中的应用研究[J]. 中国图象图形学报，1(5)：461-465.

汪开英，赵晓洋，何勇，2017. 畜禽行为及生理信息的无损监测技术研究进展[J]. 农业工程学报，33(20)：197-209.

王标，谭小平，尹丽，等，2018. 湖南省农作物重大病虫害监测预警信息系统的研发与应用[J]. 中国植保导刊，38(1)：37-43.

王东旭，王杰，诸云强，2016. 云南省土壤墒情监测系统的设计与实现[J]. 灌溉排水学报，35(10):83-89.

王国杰，赵继春，王敏，2021. 基于NB-IoT技术的土壤墒情远程智能监测系统设计[J]. 中国农机化学报，42(5)：208-214.

王静刚，顾海英，2003. 现代农业企业管理[M]. 上海：上海交通大学出版社.

王衍安，李明，王丽辉，等，2005. 果树病虫害诊断与防治专家系统知识库的构建[J]. 山东农业大学学报(自然科学版)，36(3)：475-480.

乌云花，王慧，董晓霞，2019. 基于SFA模型的奶牛不同养殖模式的技术效率研究——以内蒙古自治区为例[J]. 上海农业学报，35(6)：135-140.

吴海平，2021. 设施农业装备[M]. 2版. 北京：中国农业大学出版社.

吴坚，2014. 农业企业经营与管理[M]. 昆明：云南大学出版社.

杨丹，2019. 智慧农业实践[M]. 北京：人民邮电出版社.

杨荆，于家旋，任昊宇，2020. 移动式果园水肥药一体化装置决策和控制系统设计[J]. 中国农机化学报，41(10)：197-202.

杨卫中，王雅淳，姚瑶，2019. 基于窄带物联网的土壤墒情监测系统[J]. 农业机械学报，50(S1)：243-247.

杨再强，罗卫红，陈发棣，等，2007. 温室标准切花菊发育模拟与收获期预测模型研究[J]. 中国农业科学，40(6)：1229-1235.

姚玉霞，陈桂芬，侯元村，等，2003. 水稻病虫害诊治智能化专家系统[J]. 吉林大学学报(信息科学版)，21(4)：378-381.

于景鑫，杜森，吴勇，2020. 基于云原生技术的土壤墒情监测系统设计与应用[J]. 农业工程学报，36(13)：165-172.

余国雄，谢家兴，陆华忠，等，2016. 基于ASP.NET技术的荔枝园智能灌溉远程监控系统的设计与实现[J]. 福建农业学报，31(7)：770-776.

翟肇裕，曹益飞，徐焕良，等，2021. 农作物病虫害识别关键技术研究综述[J]. 农业机械学报，52(7)：1-18.

参考文献

张歌凌, 2014. 分布式农田土壤墒情集中监测管理系统[J]. 江苏农业科学, 42(7): 428-430.

张萌, 董伟, 钱蓉, 等, 2020. 安徽省植保大数据平台建设与应用展望[J]. 农业大数据学报, 2(1): 36-44.

张振国, 1993. 当代中国经济大辞库(农业卷)[M]. 北京: 中国经济出版社.

赵春江, 2019. 智慧农业发展现状及战略目标研究[J]. 智慧农业, 1(1): 1-7.

赵春江, 2021. 中国人工智能学会系列研究报告——智能农业[M]. 北京: 中国科学技术出版社.

赵春江, 李瑾, 冯献, 2021. 面向2035年智慧农业发展战略研究[J]. 中国工程科学, 23(4): 1-9.

周长建, 宋佳, 向文胜, 2022. 基于人工智能的作物病害识别研究进展[J]. 植物保护学报, 49(1): 316-324.

朱德兰, 阮汉铖, 吴普特, 等, 2022. 水肥一体机肥液电导率远程模糊PID控制策略[J]. 农业机械学报, 53(1): 186-191.

ADENUGA A, DAVIS J, HUTCHINSON W G, et al., 2018. Modelling regional environmental efficiency differentials of dairy farms on the island of Ireland[J]. Ecological Indicators, 95: 851-861.

CHEN H, XING H, TENG G, et al., 2016. Cloud-based data management system for automatic real-time data acquisition from large-scale laying-hen farms[J]. International Journal of Agricultural and Biological Engineering, 9(4): 106-115.

FAN S X, LI J B, ZHANG Y H, et al., 2020. On line detection of defective apples using computer vision system combined with deep learning methods[J]. Journal of Food Engineering, 286: 110102.

HU Z, XU L Q, CAO L, et al., 2019. Application of non-orthogonal multiple access in wireless sensor networks for smart agriculture[J]. IEEE Access, 7: 87582-87592.

KLARING H P, KORNER O, 2020. Design of a real-time gas-exchange measurement system for crop stands in environmental scenarios[J]. Agronomy-Basel, 10(5): 737.

LIU Y, MA X Y, SHU L, et al., 2021. From industry 4.0 to agriculture 4.0: current status, enabling technologies, and research challenges[J]. IEEE Transactions on Industrial Informatics, 17(6): 4322-4334.

RAMDOO V D, KHEDO K K, BHOYROO V, 2019. A flexible and reliable wireless sensor network architecture for precision agriculture in a tomato greenhouse[J]. Information systems design and intelligent applications, 516: 119-129.

ROMBACH M, MUNGER A, NIEDERHAUSER J, et al., 2018. Evaluation and validation of an automatic jaw movement recorder(RumiWatch) for ingestive and rumination behaviors of dairy cows during grazing and supplementation[J]. Journal of Dairy Science, 101(3): 2463-2475.

SHI C, ZHANG J, TENG G, 2019. Mobile measuring system based on labVIWE for pig body components estimation in a large-scale farm[J]. Computers and Electronics in Agriculture, 156: 399-405.

SIAFAKAS S, TSIPLAKOU E, KOTSARINIS M, et al., 2019. Identification of efficient dairy farms in Greece based on home grown feedstuffs, using the data envelopment analysis method[J]. Livestock Science, 222: 14-20.

YANG X, SHU L, CHEN J N, et al., 2021. A Survey on smart agriculture: development modes, technologies, and security and privacy challenges[J]. IEEE/CAA Journal of Automatica Sinica, 8(2): 273-302.

YIN H Y, CAO Y T, MARELLI B, et al., 2021. Soil sensors and plant wearables for smart and precision agriculture[J]. Advanced Materials, 33: 2007764.